[美] 苏珊·凯恩 著
(Susan Cain)
吕丽红 译

中信出版集团 | 北京

图书在版编目（CIP）数据

苦乐参半 /（美）苏珊·凯恩著；吕丽红译 . -- 北京 : 中信出版社，2023.3
书名原文 : Bittersweet: how sorrow and longing make us whole
ISBN 978-7-5217-5204-5

Ⅰ.①苦… Ⅱ.①苏…②吕… Ⅲ.①心理学－通俗读物 Ⅳ.① B84-49

中国国家版本馆 CIP 数据核字（2023）第 032779 号

Bittersweet: How Sorrow and Longing Make Us Whole
Copyright © 2022 by Susan Cain
This edition arranged with InkWell Management, LLC.
through Andrew Nurnberg Associates International Limited
Simplified Chinese translation copyright © 2023 by CITIC Press Corporation
ALL RIGHTS RESERVED
本书仅限中国大陆地区发行销售

苦乐参半
著者： [美]苏珊·凯恩
译者： 吕丽红
出版发行：中信出版集团股份有限公司
（北京市朝阳区东三环北路 27 号嘉铭中心　邮编 100020）
承印者： 宝蕾元仁浩（天津）印刷有限公司

开本：880mm×1230mm 1/32　印张：9.5　字数：191 千字
版次：2023 年 3 月第 1 版　印次：2023 年 3 月第 1 次印刷
京权图字：01-2023-0597　书号：ISBN 978-7-5217-5204-5
定价：59.00 元

版权所有·侵权必究
如有印刷、装订问题，本公司负责调换。
服务热线：400-600-8099
投稿邮箱：author@citicpub.com

谨以此书献给莱昂纳德·科恩

万物皆有裂痕

那是光照进来的地方

——莱昂纳德·科恩,《颂歌》

格里高利一世（Gregory the Great，约540—604）[①]认为内心的不安虽然痛苦，却是神圣的，是人们面对世间的美好而感受到的悲伤……苦乐参半的心理源于人们在不完美的人类世界中心无所属时，对完美世界的意识和渴望。面对美好时，人们内心的精神空虚更加真实，感受也更加痛苦。在失去与渴望之间，汇聚着神圣的泪水。

——欧·维克斯特罗姆（乌普萨拉大学宗教心理学教授）

[①] 又译作大贵格利，第64任罗马天主教教皇，中世纪第一位教宗。——译者注

作者的话

虽然我直到 2016 年才动笔写作本书，但实际上我这一生都在构思本书的内容（你很快就会读到）。为了这本书，我与数百人交谈过，阅读了大量书籍，收到了数百封来信，了解了许多人苦乐参半的体验。他们的名字和故事，有的在书中被明确提到，有的虽然没有被提及却给予了我创作的灵感。由于本书篇幅有限，难以列出所有人的姓名和故事。我在注释和致谢中列出了部分人的名字，如有遗漏，纯属疏忽。感谢所有给予我帮助的人。

此外，为了保证读者阅读的流畅性，某些引文没有使用括号来表明我补充或省略的内容，但我保证我增加或省去的内容不会改变原文或原作者的意思。

最后，我对书中部分故事讲述者的名字和身份信息做了改动。对于人们讲述的个人故事，我没有一一核实，但书中选取的内容都是我认为真实的故事。

目 录

序　萨拉热窝的大提琴手　　　　　　　　　　　　　VII

引　言　苦乐参半的力量　　　　　　　　　　　　　001

第一部分　悲伤与渴望　　　　　　　　　　　　　　017
第一章　悲伤的益处　　　　　　　　　　　　　　　019
第二章　神圣的渴望　　　　　　　　　　　　　　　044
第三章　将悲伤、渴望转化为创造力与超越　　　　　078
第四章　失去所爱，我们该怎么办？　　　　　　　　106

第二部分　成功者与失败者　　　　　　　　　　　　141
第五章　积极的暴政　　　　　　　　　　　　　　　143
第六章　超越职场的积极原则　　　　　　　　　　　165

第三部分	死亡、无常、悲伤	**193**
第七章	渴望彩虹之上的世界	195
第八章	拥抱悲伤和无常	213
第九章	疗愈集体性创伤	240

结　语	回　家	**271**

致　谢		**285**

《废墟上的安魂曲》,汤姆·斯图达特 摄 © Getty Images

序

萨拉热窝的大提琴手

———— * ————

一天晚上，我梦见我和诗人朋友玛丽安娜[①]在"爱之城"萨拉热窝相遇。醒来后，我一脸困惑——萨拉热窝，为什么是爱的象征？20世纪末那场最血腥的内战不正是发生在这座城市吗？

这时，我想起了一个人——韦德兰·斯梅洛维奇。萨拉热窝的大提琴手。

* * *

1992年5月28日，萨拉热窝遭到围困。几个世纪以来，穆斯林、克罗地亚人和塞尔维亚人共同生活在这座城市中，在那里，有轨电车四通八达，美味的糕点店飘香四溢，天鹅在公园的池塘里悠然游弋，奥斯曼时期的清真寺和东正教大教堂和谐而立。一座城市、三种宗教、三个民族，一直和平共处，不分你我。他们知道彼此不同，却没有意识到有什么不同；他们是邻居，经常一起喝咖啡、吃烤肉；他们在同一所大

[①] 全名玛丽安娜·穆尔，20世纪美国重要女诗人。——译者注

学上课学习；他们彼此相爱，甚至结婚生子。

然而，突然间，内战就这样爆发了。山上的人包围了城市，切断了城市的供水和供电。1984 年举办过奥运会的体育馆惨遭烧毁，运动场变成了临时墓地。住宅楼被迫击炮炸得满目疮痍，交通信号灯碎了一地，街道寂静冷清。唯一的声音就是枪炮的轰炸声。

就在这时，一家被炮火炸毁的面包店外的步行街上，响起了阿尔比诺尼的名曲《G 小调柔板》[①]。

你听过这首曲子吗？如果没有听过，那就先放下书听一听吧，这首曲子曲调荡气回肠、凄婉动人、悲恸苍凉。演奏这首乐曲的正是萨拉热窝歌剧乐团的首席大提琴手韦德兰·斯梅洛维奇，他是为了悼念昨天在轰炸中遇难的 22 人而奏，这些人在排队买面包时被无情地炸死。当时斯梅洛维奇就在附近，炸弹爆炸后他立即帮助照顾伤员。此时，他再次来到爆炸现场，穿着正式的白衬衫和黑色燕尾服，好像在歌剧院演出一般。他坐在废墟中的一把白色塑料椅上，把大提琴架在双腿之间，柔板的一个个充满渴望之情的音符在空中回荡。

他的四周，枪声四起，炮火连天，机枪不停扫射。斯梅洛维奇全然不顾，投入地演奏。他要连续演奏 22 天，悼念在面包店遇害的每一个人。不知为何，子弹永远不会打到他身上。

这座城市位于一个山谷中，四面环山，狙击手们埋伏在山上，枪口对准了寻找食物的饥饿居民。有时人们需要一连等上好几个小时，

[①] 人们普遍认为这首乐曲是托马索·阿尔比诺尼的作品，但实际上它很有可能是由意大利音乐学者雷莫·贾佐托基于阿尔比诺尼的乐谱残片创作的。

待枪声稍停，便如被追捕的小鹿一样，箭一般冲过街道。然而，有一个人穿着华丽的音乐会演出服，镇定自若地坐在露天广场上忘我地演奏，仿佛整个世界的时间都是属于他的。

他说："你们问我，在战区拉大提琴，是不是疯了，那你们为什么不问问他们是不是疯了。他们为什么要摧毁萨拉热窝？"

他这种坚韧不拔的精神通过电视广播传遍了整座城市。很快，他的故事被人们写进了小说和电影里。在萨拉热窝遭遇围攻的最黑暗的日子里，他鼓励其他音乐家也带着乐器走上街头。他们演奏的不是军乐，不是为了鼓舞军队抗击狙击手而奏；他们演奏的也不是流行歌曲，不是为了鼓舞人们的精神而奏。他们演奏的是阿尔比诺尼的乐曲。毁灭者们用机枪和炸弹袭击城市，音乐家们却以苦乐参半的音乐予以回应。

小提琴手们高呼："我们不是战斗者！"中提琴手们高唱："我们不是受害者！"大提琴手们高歌："我们只是人类——虽有缺陷但美丽，我们只是对爱充满渴望的普通人！"

几个月后，内战仍在肆虐。有一天，外国记者艾伦·利特尔看见一群居民从森林中走出来，约有40 000人——为了躲避袭击，他们在森林里连续穿行了48个小时。

其中有一位80岁的老人，眼神中透着绝望，筋疲力尽。老人朝利特尔走去，问他是否见到了他的妻子。老人说，在森林里穿行时，妻子和他走散了。利特尔说没有见过他的妻子，但是出于记者的职业习惯，他问老人是穆斯林还是克罗地亚人。老人的回答让利特尔至今回想起来都备感羞愧。多年后，他在英国广播公司的一个节目中说，当时老人的回答是："我是个音乐家。"

《少女肖像》,2021 年,乌克兰 © 塔蒂阿娜·巴拉诺娃(instagram :@artbytaqa)

苦乐参半
+ X

引 言

苦乐参半的力量

———————— * ————————

我们向往的始终是另一个不同的世界。

——薇塔·萨克维尔·韦斯特,《花园》

22 岁的时候,我还是一名法律系的学生。有一次,我在宿舍里一边等朋友们来叫我去上课,一边愉快地听着一首小调乐曲,曲风有点儿苦乐参半,但不是阿尔比诺尼的曲子,那个时候我还没听过他的音乐。我听的是悲观主义吟游诗人莱昂纳德·科恩的音乐,他是我最喜欢的音乐家。

听这类音乐时,我很难用语言描述自己的感受。严格来说,这类音乐应该会勾起人们悲伤的情绪,但是我在听这类音乐时感受到的却是浓浓的爱意——如潮水一般倾泻而出。这种音乐有一种强大的力量,可以将世界上所有能够从旋律中感受到悲伤的灵魂紧密联系在一起。对音乐家这种能将痛转化为美好的能力,我深表敬畏。我独自一人听这样的音乐时,会情不自禁地做出祈祷的姿势,双手合十,低头闭目。我其实是一个不可知论者,从来没有做过正式祷告,但是这种苦乐参半的音乐让我的内心更加广阔——毫不夸张地说，我都能感受到胸部肌肉的扩张。这类音乐甚至能够让我坦然接受我所爱的人，包括我自己，终有一天都会离开这个世界的事实。虽然每次这种对待死亡的平静心态可能只能持续 3 分钟，但每听一次，我都会产生些许改变。如果说自我超越就是自我逐渐消失，与万物相融的那一瞬间，那么聆听这种苦乐参半的音乐之时，就是我感受到超越的时刻。我每听一次就能感受到一次。

朋友们到了我的宿舍，看见我竟然在听这种悲戚的音乐，都觉得有点儿好笑，有一个朋友甚至问我为什么要听葬礼音乐。我笑了笑，什么也没说，和她们一起去上课。故事至此结束。

然而，此后的 25 年里，朋友的这句话始终萦绕在我心头。奇怪的是，我为什么会觉得这种充满渴望的音乐如此振奋人心呢？在我们的文化中，是什么使得悲伤的音乐成了人们开玩笑的谈资？写到这里，我为什么觉得有必要告诉大家其实我也喜爱欢快的舞曲呢？（我是真的喜欢。）

一开始，我只是觉得这些问题比较有趣，但是在探索答案的过程中，我发现这些都是实实在在的问题，而且还是大问题。令我们意想不到的是，在当代文化的熏陶下，我们竟然根本不会问这些问题。

* * *

2000 多年前，亚里士多德就思考过这样一个问题：为什么诗人、哲学家、艺术家和政治家的性格通常比较忧郁？他的问题基于一个古老的假设，即人体有四种体液或液体物质，每种物质对应一种气质：

忧郁（悲伤）型、乐观（快乐）型、易怒（好斗）型和冷静（安静）型。这些液体的相对含量塑造了我们的性格。希腊名医希波克拉底认为，一个人最理想的状态就是这四种体液的含量达到平衡。但实际上，大部分人都是某种体液居多。

本书探讨的是忧郁型性格，我称之为"苦乐参半"型：内心充满渴望又饱含辛酸和悲伤，对时间流逝的感知异常敏锐，对世界之美满怀奇特而强烈的喜悦。苦乐参半型的人能够认识到，光明与黑暗、出生与死亡、苦与乐，永远是相生相伴、并行而存的。有一句阿拉伯谚语说："生活中有甜美如蜜的日子，也有如洋葱般辣眼让你流泪的日子。"在生活中，不幸与美好总是相伴相随，即使你把现有的文明彻底摧毁，重新创建一个文明，也会再次产生同样的二元性。二元世界充满了矛盾——黑暗与光明并存。若要生存，唯一的办法就是超越二元性，那儿才是终极。苦乐参半的心态就是对交融的渴望，对归属的期待。

如果你自视是一个苦乐参半型人，那么在探讨亚里士多德关于伟人多忧郁的问题时，你难免会感到些许自鸣得意。事实上，几千年来，亚里士多德的发现引起了很多人的共鸣。15世纪，哲学家马尔西利奥·费奇诺就提出，罗马神话中掌管忧郁情绪的农神萨杜恩"虽然把平凡的生活让给了朱庇特，却为自己寻求了一种孤独而神圣的生活"。16世纪的艺术家阿尔布雷特·丢勒的作品《忧郁》中描绘了一个神情沮丧的天使，但他的周围却环绕着代表创造力、知识和渴望的符号：多面体、沙漏、直通天空的梯子。19世纪诗人夏尔·波德莱尔"创作的美几乎"都带着忧郁的色彩。

人们对忧郁的浪漫幻想随着时间的推移时起时伏，近年来呈减弱趋势。西格蒙德·弗洛伊德在1918年发表了一篇颇具影响力的文章，把忧郁视为自恋，从那以后，忧郁就成了精神病理学的一部分。主流心理学将忧郁症视为临床抑郁症的同义词。[①]

但亚里士多德提出的问题从未消失，也不可能消失。忧郁带有某种神秘特性，一种至关重要的特性。古希腊哲学家柏拉图有这种特性，诗人哲拉鲁丁·鲁米有这种特性，此外，生物学家查尔斯·达尔文、政治家亚伯拉罕·林肯、女作家玛雅·安吉洛、美国歌手妮娜·西蒙，还有诗人莱昂纳德·科恩等都具有这种特性。

那么，他们拥有的这种特性究竟是什么呢？

我沿着数百年来由世界各地的伟大艺术家、作家、思想家及其智慧结晶铺就的道路，对这个问题潜心研究了多年。为了解决这个问题，我还研究了当代心理学家、科学家，甚至管理学家（他们发现了忧郁的商业领袖和创业者的独特优势，以及挖掘他们潜能的最佳方式）的相关著作。最终我得出结论：苦乐参半的体验并不像我们通常认为的那样，只是短暂的感觉或暂时发生的事情；此外，苦乐参半还是一种安静的力量，一种存在的方式，一种历史传统，虽然包含人类潜能却

[①] 这种将忧郁症和抑郁症结合起来的传统在西方心理学中有着悠久的历史。弗洛伊德用"忧郁症"一词描述临床抑郁症："一种能引发极度痛苦的情绪，导致患者对外部世界失去兴趣，失去爱的能力，抑制一切活动。"知名心理学家茱莉亚·克里斯蒂娃（Julia Kristeva）于1989年写道："忧郁症和抑郁症其实就是忧郁和抑郁的结合，两者之间并没有清晰的边界。"如果在美国国立医学图书馆的搜索引擎中输入"忧郁"二字，弹出来的文章基本上都是关于抑郁症的。

被普遍忽视。苦乐参半是对我们生活的世界——这个存在严重缺陷却始终美丽的世界——真实且发人深省的回应。

最重要的是,苦乐参半的心态能够指引我们应对生活中的痛苦:承认痛苦,并将痛苦变成一种美的艺术,正如音乐家把痛苦变成美妙的音乐一样,或者去治愈痛苦带来的创伤,或者勇于改变,或者选择其他能够滋养我们灵魂的方式。如果我们不懂得转化内心的悲伤和渴望,最终我们会将内心的悲伤和渴望转嫁他人、伤害他人,对他人颐指气使或者冷漠无情。如果我们都懂得——或者能够懂得——悲欢离合乃人之常情,人与人之间便会相依相惜。[1]

帮你将痛苦转化为创造力,做到自我超越,爱人爱己,正是本书的核心所在。

* * *

理想的社会如理想的个体一样,也应该是希波克拉底所说的四种气质的和谐体现。然而社会也如个体一样,总会有一种或两种气质占主导地位。我们将在第五章中了解到,在美国文化中,乐观和易怒的气质占主导地位,而我们通常将其解读成自信与力量。

这种乐观-易怒的特性塑造了美国积极向上但争强好斗的文化:一方面鼓励人们在个人生活中树立积极的人生目标,同时又允许人们在网络上以正义的名义发泄愤怒。我们应该坚强、乐观、自信,我们

---

[1] 澳大利亚音乐家尼克·凯夫(Nick Cave)在网站红手书(The Red Hand Files)上完美地诠释了这一观点,请参考:theredhandfiles.com/utility-of-suffering。

应该有直抒己见的权利，我们应该具有赢得朋友以及影响他人的交际能力。美国人重视幸福，甚至将追求幸福写进了建国文件中。根据亚马逊官网的最新搜索结果，仅关于如何追求幸福的主题，市面上就有30 000多本书。我们从小接受的教育就是不要轻易掉眼泪（"憋住，不许哭！"），永远不要悲伤。然而，哈佛大学心理学教授苏珊·戴维博士做过一项研究，她对70 000多人进行了采访，结果发现1/3的人认为自己具有"消极"情绪，如悲伤和难过。"我们不仅认为自己悲观，"戴维说，"还觉得我们所爱的人，比如我们的孩子也有悲观情绪。"

当然，乐观－易怒的态度也有很多好处。有了这种心态，我们能够在球场上把球传给二垒手，能够促使国会通过法案。然而这种旺盛的乐观精神和被正当化的愤怒掩盖了一个事实，即人是一种脆弱的生物，没有人能长生久视，即使是网上那些极具影响力或者"攻势"最强的网红人物也不例外。因此，我们无法与异己共情，一旦遇到困难，我们就会茫然不知所措。

相比之下，苦乐参半——忧郁的心态让我们懂得退位思考，不会急功近利，对生活充满渴望，渴望力所能及的事，渴望可能发生的事。

渴望是一种隐形的动力：是主动而非被动的，需要创造力、温和的性情以及虔诚的态度才能触发。我们对人、对物有了渴望，就会朝着渴望的方向前进、努力。"渴望"（longing）一词源于古英语"langian"（意思是"变长"）以及德语"langen"（意思是触及、延伸）。"渴求"（yearning）一词从语言学角度来说，是饥渴和欲望之意。在希伯来语中,这个词与"激情"(passion)一词的词根相同。

换言之,让你感到痛苦的地方,也是你最在意的地方,是你能够采取行动改善的地方。在荷马的《奥德赛》中,奥德修斯因为思念家乡伊萨卡坐在海滩上哭泣,正是他对家乡的渴望之情促使他踏上了漫漫的归家之路。也正是因为如此,在几乎所有备受人们喜爱的儿童故事中,从《哈利·波特》到《长袜子皮皮》,主人公都是孤儿。遭遇父母双亡后,主人公将痛苦转化为渴望,树立目标,开启了自己的冒险之旅,发掘自己与生俱来的潜能。这些故事之所以能够引起人们的共鸣,是因为我们都有可能经历疾病、衰老、别离、丧亲、瘟疫和战争带来的痛苦。这些故事传递的信息,以及诗人和哲学家成功的秘密都告诉我们,几个世纪以来,渴望才是通往归属的大门。

世界上有许多宗教的教义与之也是如出一辙。14世纪有一本神秘小说,名叫《不知之云》(The Cloud of Unknowing),作者未具姓名,书中写道:"你的一生都应该生活在渴望之中。"《古兰经》(92:20—21)中写道:"只有一直心怀强烈渴望的人,与主相见时,渴望才能得到圆满实现。"13世纪基督教神秘主义者、神学家埃克哈特说:"上帝就是灵魂的一声叹息。"圣奥古斯丁的著作中,最常被人引用的一句话就是:"主啊,我们的心若不能在您的怀中安息,便得不到安宁。"

当你亲历一个崇高而非凡的时刻时,如听到一段令人拍案叫绝的即兴吉他演奏,看到一个高难度空翻动作,其精彩程度让你恍然以为它们应该属于另一个世界,一个更完美、更美丽的世界,这时你才能感受到渴望的力量。这也是我们如此崇拜摇滚明星和奥运健儿的原因——他们能让我们感受到心中渴望的那个美好世界的神奇气息。然而这样的时刻总是转瞬即逝，因而我们渴望永远生活在那个美好的世界里，认为那里才是我们的最终归属。

苦乐参半型的人在最悲伤的时候，总是绝望地认为完美又美丽的世界永远遥不可及；然而在最乐观的时候，他们又会努力为那个完美世界拼搏。正是因为这种苦乐参半的秘密力量源泉，人类成功地实现了登月，铸就了无数传世之作，创作出了凄美动人的爱情故事。正是因为这份渴望，才有了经典的贝多芬《月光奏鸣曲》，才有了飞向火星的火箭；正是因为这份渴望，莎士比亚才创作出了《罗密欧与朱丽叶》这样的经典爱情故事，世代相传。

无论我们是无神论者还是宗教信徒，无论我们是通过《长袜子皮皮》的故事、体操运动员西蒙·拜尔斯的事迹，还是圣奥古斯丁的论著悟出了这些道理，真理总是一样的。无论你渴望与之相守的人是那个已经与你分手的人，还是你的梦中情人；无论你憧憬的是从未有过的幸福童年，还是人生的辉煌时刻；无论你企盼的是有创意的生活，还是祖国的繁荣，或者更完美的联盟（个人角度或政治角度）；无论你梦想着攀登世界最高峰，还是沉浸在上次海滩度假时看到的美景之中；无论你期待的是革除前人留下的弊端，还是一个没有战争的和平世界；无论你是思念故人、期待未出世的孩子，还是奢望青春永驻、无私的爱，这都是痛苦的反映。

我将我们渴望的地方、渴望的状态称为"完美而美丽的世界"。那里是犹太 – 基督教传统中的伊甸园和天国，是苏非派中的灵魂宠儿（the Beloved of the Soul）。这个世界上对其有无数称谓：简单地说，是"家"或者"彩虹之上"，是小说家马克·梅利斯（Mark Merlis）所说的"我们出生前就被驱逐出境的海岸",是英国作家 C.S. 刘易斯口中的"美之源泉"。不管如何称谓,其实质都是相同的——那儿是每个人心中最深切的渴望,是韦德兰·斯梅洛维奇在饱受战争蹂躏的城市大街上演奏大提琴时的内心世界。

过去几十年里,莱昂纳德·科恩创作的《哈利路亚》成为《美国偶像》等电视选秀节目的主打曲目,这都是老生常谈了。无数参赛者将这首歌曲唱了上千遍,但是观众每每听到仍会流下喜悦的泪水。无论我们自认为是世俗之人还是有宗教信仰之人都无关紧要,从根本上说,我们终将尘归尘,土归土。

* * *

就是在那次朋友来宿舍找我一起上课时,我开始对悲伤的音乐产生了兴趣。我突然想到了佛教理念,如神话作家约瑟夫·坎贝尔所说,我们应该努力"快乐地生活在充满悲伤的世界"。我不禁想:这是什么意思?这怎么可能呢?

我知道我不能从字面意思去理解这句训谕。这句话不是要求我们在面对痛苦时强颜欢笑,更不是教导我们面对悲剧和不幸时消极应对。恰恰相反,它意在让我们对痛苦和人生无常培养敏感性,包容这个充满痛苦的世界(抑或是充满不满的世界,关键看你如何解读佛教四圣谛的第一个圣谛——苦谛的梵文"duhkha")。

然而,问题依然存在。我以为我会去印度或尼泊尔寻找这个问题的答案,或者找一所大学读东亚研究课程。然而我没有。我带着这个问题以及相关问题继续着我的生活,但我始终没有忘记:为什么悲伤这种情绪,一种让我们郁郁寡欢如屹耳[①]的情绪,能在进化的压力下幸存下来?究竟是什么驱使我们渴望"完美"的世界和无条件的爱(这与我们喜欢听悲伤的歌曲、在雨中徘徊、敬慕神灵有什么关系吗)?为什么只有当我们心存渴望、包容悲伤、懂得超越自我时才具有创造力?面对失去的爱,我们该如何应对?一个建立在诸多伤痛之上的国家,是如何形成这种崇尚阳光、快乐的文化的?我们如何才能在一种被迫积极的文化中真正地生活和工作?明知自己及所爱之人终有一死,我们该如何生活?我们是否会继承父母和前人的痛苦?如果会,我们能否将这些痛苦转化为一种积极的力量?

几十年后,我找到了这些问题的答案并将它们写进了这本书中。

这说明我从不可知论者变成了……什么?肯定不是什么宗教的信徒。我和最初的我并无二致,仍然是一个不可知论者。你需要认识到的是,利用精神上的渴望改变自我并不需要信仰什么具体的宗教。哈西德派[②]有一则寓言:一个拉比[③]发现教徒中有一位老人对他所讲的关于神的言论不以为然,于是,他为这位老人哼唱了一段凄美的旋律,一首充满渴望的歌。"现在我明白你想传递什么信息了,"老人说,"此时的我急切地渴望能与上帝同在。"

[①] 《小熊维尼和蜂蜜树》中的角色,一个旧的灰色小毛驴,幽默善良,是一个忧郁的哲学家,觉得整个世界都十分阴沉且被宿命论控制。——译者注
[②] 或译作"哈西迪",希伯来文含义为"虔诚",该派虔信律法,是犹太教正统派的一支,受到犹太神秘主义的影响,在18世纪由拉比巴尔·谢姆·托夫创立,哈西德是现代犹太教极端正统派的一部分。——译者注
[③] 犹太人中的一个特别阶层,是老师也是智者的象征。拉比指接受过正规犹太教教育,担任犹太人社团或犹太教教会精神领袖,或在犹太经学院中传授犹太教教义者,主要为有学问的学者。——译者注

我的情况与这位老人十分相似。我写本书是为了解开一个谜团，即为什么这么多人会对悲伤的音乐产生强烈的反应。从表面上看，这么小的一个课题不需要花这么多年的时间去研究。然而，我始终无法释怀。那时，我还不知道悲伤的音乐其实是一扇大门，可以通往一个更高深的世界，一个神圣又神秘、美妙又迷人的世界。有些人通过祈祷或冥想，或者在树林里散步进入了这个世界；对我而言，小调音乐就是我进入这个世界的入口。实际上，通往这个美好世界的入口无处不在，形式多样。本书旨在帮助你发现这些入口，并勇敢迈入其中。

小测试

　　有些人天生就处于苦乐参半的状态之中，而且一直如此；有的人一直在尽可能地避免这种状态；还有的人在到了一定年龄，或经历了一些人生悲喜之后，才达到了苦乐参半的状态。如果你想知道自己是否达到了这种状态，可以做一做这个测试。这是我和约翰斯·霍普金斯医学院教授戴维·亚登博士，以及人类潜能科学研究中心主任、认知科学家斯科特·巴里·考夫曼博士合作开发的测试[①]。为了检测此时此刻的你是否处于苦乐参半的心理状态，请回答以下问题并给自己打分，分值范围为 0 分（完全不符合）到 10 分（完全符合）。

　　____ 看到感人的电视节目，你是否会轻易流泪？

　　____ 看到老照片时，你是否很容易触景生情？

　　____ 你对音乐、艺术或大自然是否有强烈的感触？

　　____ 是否有人评价你很"怀旧"？

　　____ 你是否能在阴雨连绵的日子里获得心灵的慰藉或者创作的灵感？

　　____ 英国作家 C.S. 刘易斯把欢乐描述为"一种强烈而美好的渴望"，你是否能够理解？

[①] 探索苦乐参半概念的心理学家和学者请知悉：亚登和考夫曼博士进行的初步探索性研究，对测试中的每个问题只是进行了初步评估，没有采取其他验证方法，如小组讨论、专家评审、大数据探索性分析以及验证性因子分析。两位博士鼓励对此课题感兴趣的学者对相关问题进行更深入的研究，进一步明确这些问题具备的心理测量特性。

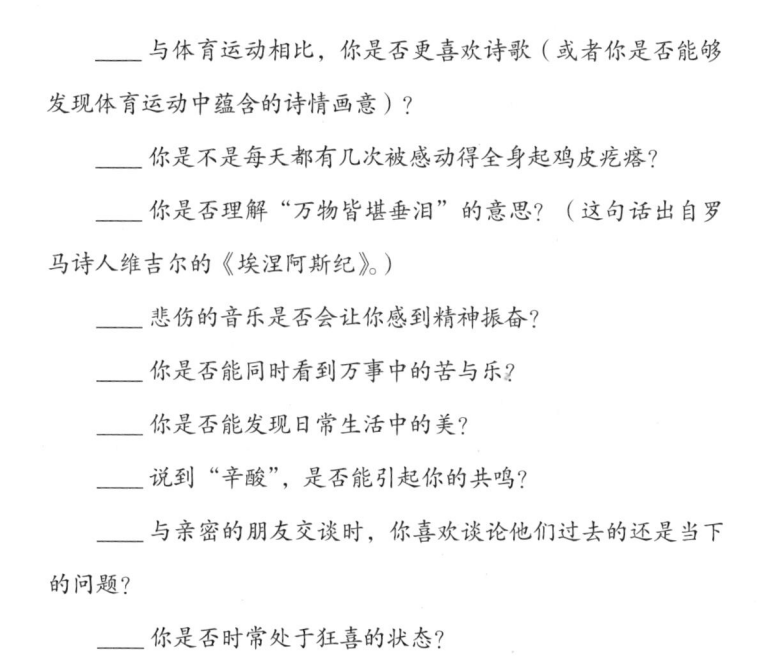

_____ 与体育运动相比,你是否更喜欢诗歌(或者你是否能够发现体育运动中蕴含的诗情画意)?

_____ 你是不是每天都有几次被感动得全身起鸡皮疙瘩?

_____ 你是否理解"万物皆堪垂泪"的意思?(这句话出自罗马诗人维吉尔的《埃涅阿斯纪》。)

_____ 悲伤的音乐是否会让你感到精神振奋?

_____ 你是否能同时看到万事中的苦与乐?

_____ 你是否能发现日常生活中的美?

_____ 说到"辛酸",是否能引起你的共鸣?

_____ 与亲密的朋友交谈时,你喜欢谈论他们过去的还是当下的问题?

_____ 你是否时常处于狂喜的状态?

对于苦乐参半型的人来说,最后一个问题听起来似乎有些奇怪。这里的"狂喜"并不是指时刻保持乐观的态度,有事没事哈哈大笑。我所说的"狂喜"是指由渴望带来的兴奋感。根据亚登博士近期的研究,自我超越感(以及与之类似的感恩心理和心流状态)会随着人生中的转变、挫折、生老病死,即人生中苦乐参半的时期,不断升华。

事实上,对人生结局的深刻认识能够引导一个人培养苦乐参半的心态。爷爷奶奶看着水池里快乐戏水的孩子会情不自禁泪流满面,因为他们知道总有一天孩子也会长大变老(只是他们看不到那一天了)。他们流下的不是悲伤的泪水,而是因为内心充满对孩子深深的爱而产生的泪水。

请在回答上述问题后给自己打分,并将所得分数相加后除以15。

- 如果得分低于3.8分,说明你是一个乐观的人。
- 如果得分高于3.8分,低于5.7分,说明你的心态介于乐观与苦乐参半之间。
- 如果得分高于5.7分,说明你是一个苦乐参半型的人,深谙世间光明与黑暗并存的道理。

读过我的《内向性格的竞争力》一书的读者请注意,亚登和考夫曼博士所做的探索性研究表明,在"苦乐参半性格小测试"中得高分的人与美国心理学家兼作家伊莱恩·阿伦(Elaine Aron)博士提出的"高敏感性"特质具有较高相关性[1]。亚登和考夫曼博士还发现,苦乐参半的心态与"专注力"具有高度相关性——专注力也是创造力的先决条件,与敬畏、自我超越和灵性有一定相关性。此外,他们还发现了苦乐参半的心态与焦虑和抑郁之间的相关性——这是意料之中的。过于忧郁会致使人患上亚里士多德所谓的"黑胆汁过多"[这一疾病的名字(melaina kole)来源于"忧郁"(melancholy)一词]。

虽然本书所述的情况真实且令人悲伤,但本书并不是关于痛苦的,更不是为了宣扬痛苦。如果你认为自己患有抑郁症或严重焦虑症,甚至是创伤后应激障碍,请不要孤军奋战,一定要寻找帮助!

---

[1] 有意思的是,他们没有发现苦乐参半与内向之间存在相关性。

本书旨在阐述苦乐参半的心态，以及如何利用这种心态改变我们创造的方式、我们为人父母的方式、我们的领导方式、我们爱的方式，甚至我们看待死亡的方式。希望本书有助于增进我们与他人之间的相互理解，以及我们对自己的理解。

玛雅·安吉洛 © 克雷格·赫恩登 /《华盛顿邮报》

悲伤与渴望

第一部分

我们如何将痛苦转化为创造力、自我超越和爱？

Part
One

第一章

悲伤的益处

―――― * ――――

若要感知内心最深处的良善,须先感受内心最深处的悲伤。

――娜奥米·谢哈布·奈

2010年，美国皮克斯动画工作室著名导演彼特·道格特决定制作一部动画电影，讲述一个11岁女孩莱莉的情绪起伏。他已经构思好了整个故事的梗概：电影以莱莉不得不离开家乡明尼苏达州为开端，后来莱莉随父母搬到旧金山的新家，进入一所新学校学习，同时即将迎来青春期的情绪大波动。

至此，一切还算顺利，然而紧接着道格特就遇到了一个创作困境。他想把莱莉的各种情绪刻画成一个个可爱的动画角色，让它们在她大脑中的"总控中心"工作，塑造她的记忆，左右她的日常生活。但是刻画哪些情绪呢？心理学家告诉他，人类有多达27种不同的情绪。然而一个优秀的故事不可能涵盖这么多角色。道格特需要缩小范围，选择一种情绪作为主角。

他设想了几种情绪主角，最后决定将"乐乐"和"怕怕"两个角色并列作为故事主角。他说，这样设计的部分原因是他认为恐惧是一种有趣的情绪。他也想过刻画悲伤的情绪，但感觉没有什么吸引力。道格特本人就是土生土长的明尼苏达州人，他告诉我,那里的人们崇尚乐观:"在他人面前流泪,有失体面。"

经过3年的制作,角色对话部分已经完成,部分电影内容已经制作成动画,为怕怕设计的桥段也已经就位,其中一些设计在道格特看来"很具启发性",然而,这时他却感觉出了问题。按照计划,道格特需要先为皮克斯的执行团队放映这部正在制作中的电影,但是电影还未放映,他就知道必将失败——第三幕没有达到预期效果。根据电影设计的叙事弧,乐乐本应该学到人生中的重要一课,但是怕怕却没有可教的东西。

此时的道格特已经导演了《飞屋环游记》和《怪物公司》这两部影片,取得了职业生涯中的巨大成功。但现在他开始觉得这些成功纯属侥幸。

他心想:"我根本不知道自己在做什么,我就不应该当导演。"他的思绪一下坠入了一个黑色梦境,梦到在离开皮克斯后,自己不仅失去了工作,还断送了事业。他因此提前陷入了哀痛之中。一想到要离开自己珍视的集体,离开那些富有创意和特立独行的同事,他就情不自禁地沉浸在悲伤之中。他越想越沮丧,也更加意识到自己对现在的同事们怀有多么深厚的爱意。

他因而顿悟了:他产生的这些情绪——准确地说是我们所有人产生的各种情绪——其实都起到了联结彼此的纽带作用,而悲伤是这些情绪中的核心黏合剂。

"我突然产生了一个想法——我们应该把怕怕这个角色去掉。"他那时才意识到,"应该将乐乐和忧忧作为故事的两条主线。"但是若要改写剧本,首先必须说服皮克斯工作室当时的负责人约翰·拉塞特把忧忧这个角色放在核心位置。道格特知道，要说服他并非易事。

皮克斯动画工作室的办公园区位于加利福尼亚州的埃默里维尔市，园区的中庭部分是史蒂夫·乔布斯设计的，通风良好、光线充足。我和道格特坐在那里，他向我娓娓道来。中庭周围摆放着各种雕像，格外引人注目，都是皮克斯电影里的动画角色，有《乐高超人总动员》里的帕尔一家、《玩具总动员》中的巴斯等，在高大的全景落地窗的映衬下，这些角色的姿势尤为抢眼。道格特在皮克斯动画工作室的地位可见一斑。那天早些时候，我给皮克斯的执行团队做了一场关于"性格内向的电影制作人如何发挥其才能"的讲座，讲座刚开始几分钟，道格特就连蹦带跳地走进会议室，里面的气氛顿时活跃起来。

道格特本人就好像一个由多个矩形组成的动画人物。他身材修长，身高约1.95米，长脸，仅前额就占据了大半张脸。就连他的牙齿都是细长的长方形，可谓牙齿界的瘦高个了。不过他最突出的特征当属那生动活泼的面部表情——淡淡的微笑、俏皮的怪相，彰显出他的聪明和敏锐，极富魅力。在他小的时候，他的父亲为了攻读丹麦合唱音乐博士学位，举家迁到了哥本哈根。道格特不懂丹麦语，无法和其他孩子交流。正是儿时的这些痛苦经历，将他带入了动画的世界——毕竟把人们画出来要比与他们交流容易得多。直到现在，他创造的角色依然不是生活在树屋里，就是会随风飘入无言的梦境中。

道格特担心执行团队会认为忧忧这个角色过于忧郁、沉闷，动画师们也把这个角色塑造成了一个穿着邋遢、身材矮胖、神情忧郁的形象。因此他们一定会质疑：为什么要把这样一个角色作为电影的核心？谁会认同这样一个角色？

在试图说服执行团队的过程中，道格特意外得到了一个盟友：达契尔·克特纳（Dacher Keltner），他是加利福尼亚大学伯克利分校的一名极具影响力的心理学教授。道格特和同事们曾拜访克特纳，向他请教情绪心理学方面的知识。他们很快成了好朋友。当时克特纳的女儿和道格特的女儿一样，正经历着青春期痛苦的情绪波动，两个男人因为这种感同身受的焦虑感结下了不解之缘。克特纳为道格特和他的团队介绍了每个重要情绪的作用：因为恐惧，你才会安全；因为愤怒，你才不会被他人利用。而悲伤——悲伤有什么作用？

克特纳解释说，悲伤能触发同理心。因为悲伤，人们才会被联结在一起。正是悲伤的情绪让道格特认识到皮克斯动画工作室里那些看似古怪的制作人对他来说有多么重要。

执行团队最终同意了道格特的建议，于是道格特及其团队对这部电影进行了改写，把电影的主角换成了忧忧[1]，电影最终获得了奥斯卡最佳动画长片奖，成为皮克斯历史上票房最高的原创电影。

---

[1] 克特纳告诉《纽约时报》，他确实对电影最终刻画的忧忧这个角色存有"一些质疑"。"悲伤被视为一种拖拉、迟钝的性格，"他说，"但事实上，研究发现，悲伤与较高的生理唤醒水平有关，能够激活身体对丧失做出反应。但在这部电影中，忧忧确实是一副沮丧和不快的样子。"

达契尔·克特纳留着一头飘逸的金发，全身都散发着冲浪者那种休闲、运动的气息，微笑起来如灯塔一般明亮。初次见到他的人都不太可能将他与悲伤联系起来，他平时的状态更像那部动画电影里的乐乐，待人温暖热心，富有同情心，拥有政治家一般的卓越天赋——懂得关注他人、赏识他人。克特纳管理着伯克利社会互动实验室和至善科学中心，这是世界上积极心理学领域最具影响力的两个实验室，他的工作就是研究生活中各种情绪的益处，如好奇之心、敬畏之情和幸福之感。

然而和他相处久一些后，你会发现他的眼角像巴吉度猎犬的眼角一样低垂。他说自己是一个苦乐参半型的人，时常感到焦虑、忧伤。他对我说："我的内心深处是悲伤的。"我在《内向性格的竞争力》一书中介绍过心理学家杰罗姆·卡根和伊莱恩·阿伦的研究，他们发现有 15%~20% 的婴儿遗传了一种敏感的性情，这种性情使得他们在面对生活中的无常以及辉煌时刻时容易产生强烈反应。克特纳认为自己就具有卡根所谓的天生"高反应性"气质，或者阿伦所说的"高敏感性"。

20 世纪 70 年代，克特纳出生于一个思想自由、积极乐观的家庭。他的父亲是一名消防员兼画家，时常带他参观艺术博物馆，教他道家思想；他的母亲是一名文学教授，是 D.H. 劳伦斯的忠实粉丝，从小就给他读浪漫主义诗歌。克特纳有一个弟弟，叫罗尔夫，两人从小形影不离，都喜欢大自然，不分昼夜地在田间玩耍。父母鼓励他们寻找自己的兴趣爱好，并以此为基础构建自己的生活。

然而，在兄弟俩积极探索不同的生活时，克特纳的父母隔三岔五就搬一次家。他们从墨西哥的一个小镇（克特纳就是在这个小镇的一家诊所里出生的）搬到劳雷尔峡谷（位于加利福尼亚州好莱坞山地区的一个反主流文化社区），和杰克逊·布朗乐队里的钢琴家成了邻居，克特纳在这里的仙境小学读了二年级。然后，他们又举家从这里搬到了塞拉山麓的一个乡村小镇，克特纳在这里上了五年级（班里的同学几乎没人上大学）。后来，他们又搬到了英格兰的诺丁汉，克特纳在这里上高中时，父母的婚姻破裂。父亲爱上了一个朋友的妻子，母亲开始往返于巴黎和诺丁汉之间学习实验戏剧。克特纳和罗尔夫只得相依为命，时常借酒消愁，办狂欢派对。四口之家就这样四分五裂了。

表面上看，克特纳一副晏然自若的样子，如一个一帆风顺的孩子般活泼开朗。但实际上，家庭突然的分崩离析，对他和家人造成了长期、持久的伤害。父亲基本从他们的生活中消失；母亲经临床诊断患上了抑郁症；克特纳患上了恐慌症，连续3年频繁发作。至于罗尔夫，经医生诊断，他患上了双相情感障碍：经常失眠，暴饮暴食，通过喝酒、吸食大麻麻痹自我。但是经过长期与心魔的斗争，成年后他在一个贫民社区里当了一名言语治疗师，认真敬业；此外，他还成了一个忠诚的丈夫，一位慈爱的父亲。

对克特纳而言，虽然他在生活中经历了种种起伏，但罗尔夫与生活所做的斗争对他的影响最大。一部分原因是他的弟弟从小就一直是他的精神支柱：无论全家突然搬到哪里，他们俩都是好伙伴，一起探险，一起打网球，始终形影不离。当他们的家分崩离析时，他们俩便相依为命，自力更生。

　　此外，罗尔夫还是他学习的榜样。虽然罗尔夫比他小一岁，但在克特纳的心中，罗尔夫更强大、更勇敢、更友善，是他认识的"道德品质最优秀"的人。克特纳与罗尔夫的性格截然不同：克特纳满腔激情，争强好胜；而罗尔夫虚怀若谷，谦逊有礼，喜欢扶危济困，乐于助人。在他们曾经生活过的一个地方，有一个女孩名叫埃琳娜，她生活在一幢破旧不堪的房子里，房前的草坪又脏又乱，像个垃圾场。埃琳娜面黄肌瘦，蓬头垢面，总是受到同学的欺负。罗尔夫虽然既不是年级里年龄最大的孩子，也不是最强壮的孩子，却时常挺身而出保护她。克特纳想："罗尔夫是因为富有同情心才如此勇敢，我要向他学习。"

　　克特纳走出青春期的迷茫后，开始思考自己家庭四分五裂的原因，他怀疑正是父母对生活过度浓烈的激情才导致他们家遇到如此多的麻烦。他虽然有浪漫的艺术气质，但也是一位天生的科学家——他决定长大后研究人类情绪。无论是他本人，还是罗尔夫或他的父母，敬畏、惊奇和喜悦都是他们的主要情绪，但克特纳和家人的内心深处还隐藏着悲伤情绪，这种情绪也隐藏在我们很多人的内心深处。

＊＊＊

　　克特纳在《生而向善》一书中总结了自己的研究基石，其中一项被他称为"同情本能"——当他人陷入困境时，人类天生就具备的感同身受的能力。事实证明，我们的神经系统基本无法区分自己的痛苦和他人的痛苦，对痛苦做出的反应也很相似。这种本能就像我们需要吃饭、呼吸一样，是我们生命的一部分。

同情本能也是人类能够成功发展的重要因素，这也是苦乐参半心态的强大力量之一。同情（compassion）一词的字面意思是"一起受苦"，克特纳认为这是人类最优秀、最具救赎性的品质之一。因同情而生的悲伤是一种利他情绪，是增进相互关系的桥梁，是爱的媒介。它也是音乐家尼克·凯夫所说的"宇宙统一力量"。悲伤和泪水是我们所拥有的最强大的联结机制。

同情本能在我们的神经系统中根深蒂固，可以追溯到人类进化史的开端。例如，如果有人掐你或烫伤你，就会激活你大脑的前扣带回皮质（ACC）——这是人类较晚进化出的部分，也是人类特有的部分，能使你具备完成高水平任务的能力，如缴税和计划派对等。如果你看到别人被掐或烫伤，这一区域也会以同样的方式被激活。不过，克特纳还在我们神经系统中的其他部分发现了同情本能的神经反应，这些部分更古老、直觉性更强，主要包括哺乳动物大脑的中脑导水管周围灰质区域（位于大脑中心，使母亲具备养育孩子的本能）。此外，同情本能还存在于迷走神经中，这是神经系统中更古老、更深层、更重要的部分，连接脑干、颈部和躯干，是我们身体中最大、最重要的神经束之一。

人们早已发现迷走神经与消化、性、呼吸，即人类的生存机制息息相关。克特纳反复对此进行研究后，发现了迷走神经的另一个作用：当目睹他人的痛苦时，我们的迷走神经会让我们对其产生关怀之情。如果你看到一张照片，上面是一个人痛苦抽搐的样子，或者一个孩子在奄奄一息的祖母身边痛哭流涕，你的迷走神经就会被激活。克特纳还发现，迷走神经特别强的人——他称之为"迷走神经超级明星"——更有可能与他人合作并建立牢固的友谊。当看到有人被欺负时，他们更有可能（像罗尔夫一样）出手相助；如果知道哪个同学数学成绩差，他们就会利用课间休息时间帮同学辅导功课。

除了克特纳的研究，还有一些人的研究也表明悲伤情绪与情感联结之间存在联系。例如，哈佛大学心理学家约书亚·格林和普林斯顿大学神经科学家兼心理学家乔纳森·科恩发现，实验对象在被要求想象他人遭受暴力伤害的场景时，其被激活的大脑区域与（之前那项研究中）母亲满怀爱意地看着自己孩子照片时所激活的区域相同。美国埃默里大学神经科学家詹姆斯·瑞林和格雷戈里·伯恩斯发现，对需要帮助的人伸出援手时激活的大脑区域，与一个人中大奖或吃一顿美味佳肴时激活的大脑区域一致。我们也知道，抑郁（和曾抑郁过）的人更有可能从他人的角度看待世界，更易产生同情心；共情能力强的人相对来说比其他人更喜欢悲伤的音乐。塔夫茨大学精神病学教授纳西尔·加米通过观察发现："抑郁症加强了我们与生俱来的共情能力，使人变得无法逃离人与人之间相互依赖的网络……这是人性的现实规律，不是什么不切实际的愿望。"

上述发现具有重要意义。我们可以从中了解到，面对他人的悲伤时，我们产生神经反应的大脑区域与我们需要呼吸、食物、生育和保护孩子时激活的大脑区域相同，与我们想要得到回报、享受快乐生活时激活的区域也相同。我们还能了解到（如克特纳向我的解释一样）："关爱他人是人类存在的核心。悲伤情绪关乎关爱之情，悲伤情绪源于同情。"

克利夫兰诊所制作了一段精彩的视频，目的是激发诊所里护理人员的同情心。视频带着观众穿过诊所的走廊，随机选取了几个经过的人，镜头在这几个人的脸上停留了一会儿。通常情况下，我们会不假思索地与路人擦肩而过，而这一次，在字幕的提示下，我们可以看到他们不为人知的痛苦（以及难掩的喜悦）："他得了恶性肿瘤。""她的丈夫已经病入膏肓。""他正要去见爸爸最后一面。""她刚刚离婚。""他刚刚发现自己要当爸爸了。"

* * *

你会有什么感受？热泪盈眶？喉咙哽咽？还是有一种想要敞开心扉的感觉？视频中这几个路人的经历会不会让你的关爱之情不断高涨，因此暗下决心开始关注身边的过客？你是否不仅会关注在诊所走廊里遇到的人，还会关注在加油站碰到的人，以及那个喋喋不休的同事？你之所以会产生这些反应，很有可能是因为你受到了迷走神经、前扣带回皮质、中脑导水管周围灰质区域的影响：你把素未谋面的人的痛苦当作自己的痛苦。事实的确如此。

许多人早就意识到了悲伤的力量能将我们联结在一起，只是没有充分表达出来，或者没想过用神经科学的术语表达出来。多年前，写作本书的念头刚刚在我脑海中闪现时，我通过博客对畅销书作者格雷琴·鲁宾进行了一次采访，探讨了当时被我称为"忧郁的幸福"的相关内容。一个年轻女子在自己的博客上回复了我,她回忆了祖父的葬礼以及自己在葬礼上感受到的"灵魂之间的联结"。

祖父的理发师合唱团[1]为他唱了一首颂歌,我的父亲泪如泉涌,这是14年来我第一次看到父亲流泪。那一刻,合唱团男士们轻快的歌声、安静的听众、父亲的悲伤,永远地铭刻在我的心上。还有,我们一家人第一次对宠物实施安乐死时,所有人——我的父亲、哥哥还有我表现出的爱也让我震惊不已。一想到这些事,让我记忆犹新的并不是当时的悲伤,而是灵魂之间的联结。我们在经历悲伤时,感受到的痛苦都是一样的。这是我们真正允许自己脆弱的时刻,而这样的时刻在一个人的一生中并不多。在今天的文化中,这也是我们能够绝对坦诚地面对自己感受的时刻。

这位年轻女士感觉无法在日常生活中表达这些感悟,于是她开始借助艺术的力量:

我爱上了严肃电影和发人深省的小说,以这种方式再现我生命中真诚时刻的美。我认识到,为了在社会中生存,我

---

[1] 无伴奏四声部合唱音乐,要求精心编排半音阶和声。理发店是许多非裔美国人社交的地方,而无伴奏合唱正是交谊活动的一种。——译者注

们不可能做到时时处处敞开心扉，彰显自己的脆弱，所以我选择在脑海中回顾这些真诚时刻，通过艺术重新体验那些脆弱时刻，这样当新的脆弱时刻来临时，我能做到欣然面对。

不过，也许我们应该将这样的时刻融入日常生活，即理解这些时刻的发展基础。众所周知，当今时代是一个难以与他人沟通的时代，尤其难以与自己所属集体之外的人沟通。克特纳的研究告诉我们，悲伤——一切悲伤——是一种强大的力量，能够促成"灵魂之间的联结"，而这正是我们极度缺乏的。

＊＊＊

但是，若要充分理解悲伤的力量，我们还需要了解灵长类动物继承的另一个特质。你有没有想过，为什么当我们在电视上看到饥饿的孩子或孤儿的画面时，我们内心的反应会如此强烈？为什么一想到孩子与父母分离的场景，就会让我们感到切肤之痛？

答案就深藏在人类的进化史中。我们富有同情心的本能不仅源于人与人之间的相互关系，还源于母子之间的纽带，源于母亲一听到婴儿的哭泣声，就会产生强烈关爱的欲望。由此开始，人类的同情心逐渐辐射到其他需要关爱的生命身上。

克特纳说，人类的婴儿是"地球上最脆弱的生物幼崽"，若是没有仁爱的成年人帮助，便无法生存。我们出生时之所以这么脆弱，是由于我们的大脑太过巨大——如果我们待其完全发育后再出生，大脑就会因为过大而无法通过产道。事实证明，我们还未"发育完全"就出生了，而这反倒是人类能够良性发展的原因。也就是说，人类越有智慧，就越需要具有同理心，这样我们才能照顾好那些无助的小生命。我们需要学会破译这些小生命难以捉摸的哭声，我们需要喂养他们，我们需要爱护他们。

如果我们吝啬地只是将同情心用在自己的孩子身上，可能也不算什么。但是，克特纳说，总的来说，由于已经做好了照顾弱小婴儿的准备，因此我们也有能力照顾所有如婴儿一般脆弱的人或物，如室内植物、身处困境的陌生人。人类不是唯一懂得关爱他人的哺乳动物：虎鲸看到虎鲸妈妈失去幼崽，就会围在它身边以示安慰；大象会用鼻子相互轻抚同伴的脸，安抚彼此。不过，克特纳告诉我，人类"已经把同情心提升到了一个全新水平。对于那些经受了丧失或需要帮助的人事物，没有什么比人类的悲伤和关爱之情更强大"。

换句话说，看到新闻中受苦的儿童时，我们产生的担忧感源于我们保护幼小的神经冲动。我们本能地知道，如果我们连孩子都不懂得关爱，那我们就不可能关爱任何人。

当然，我们也不要对这种关爱他人的本能太过得意。对我们而言，只有自己孩子的哭声，才会让我们无比担心；而对他人的孩子、其他成年人，甚至自己处于青春期脾气暴躁的孩子，我们并不会产生太多同情心。事实上，我们的同情心似乎会随着孩子的成长而逐渐减弱——更何况人类天性中还有残暴的一面。我们对克特纳的发现有多激动，听到这一事实就有多沮丧。

不过，克特纳并不赞同这一点。部分原因是弟弟罗尔夫让他学会了关爱弱小，还有一部分原因是他一直在练习慈心冥想（见第四章）——慈心冥想教我们对待他人要像对待自己宠爱的孩子一样。（克特纳说："我认为我们能够做到这一点。"）此外，还因为他受到了查尔斯·达尔文的影响。

说到达尔文，人们总会将他与残忍的零和竞争、丁尼生笔下的"腥牙血爪的自然"，以及"适者生存"的格言联系在一起。其实，"适者生存"并不是达尔文提出来的，这个短语是哲学家及社会学家赫伯特·斯宾塞和他的"社会达尔文主义者"共同创造的。社会达尔文主义助长了白人优越论和上层阶级至上论。

克特纳说，如果是达尔文，他应该会用"善者生存"这样的表达。达尔文温文尔雅，性情忧郁。作为丈夫，他疼爱妻子；作为10个孩子的父亲，他不怒自威。他从小深爱大自然。达尔文的父亲本希望他成为一名医生，然而16岁那年，在目睹了一次在没有麻醉的情况下进行的手术后，他吓坏了，以至于余生一看到血就吓得两腿发软。于是达尔文将目光转向森林，开始研究甲虫。后来，他把自己邂逅的一片巴西森林描述为"一片充满快乐的混沌之地，从这里诞生的未来世界将更安静、更令人愉悦"。

据传记作家德博拉·海利格曼和亚当·高普尼克描述，在达尔文的职业生涯初期，他心爱的女儿安妮刚满10岁就因猩红热夭折了，这一事件甚至塑造了他的世界观。他悲痛欲绝，无法参加女儿的葬礼。达尔文在日记中充满怜爱地写到，安妮开朗活泼,喜欢和母亲依偎在一起,有时喜欢摆弄父亲的头发,一玩儿就是几个小时。安妮不得不和母亲分开时,她总是哭着问:"妈妈,要是有一天你死了,我们可怎么办啊?"然而,没想到遭遇这种丧失悲剧的不是她,而是她的父母——艾玛和查尔斯·达尔文。对于安妮的死,达尔文在日记中写道:"我们不仅失去了家庭的欢乐,也失去了晚年的慰藉。"

《人类的由来》是达尔文最伟大的著作之一,是他在女儿去世约20年后完成的。在书中,达尔文认为同情是人类最强大的本能:

> 动物的社会性本能使其能够享受与同伴交往的快乐,能够对同伴产生一定同理心,并愿意为同伴服务……之所以会有上述行为,正是因为动物的社会性本能或母性本能比其他任何本能或动机更为强大。这些本能都是一种即时反应,所以我们没有时间反思,也不会因此感受到快乐或痛苦。

达尔文举了许多例子说明生物会对其他生物的痛苦做出本能反应:有一条狗每次路过他家看到那只生病的猫,都会走过来舔舔它以示安慰;乌鸦会耐心地为失明的"老伴"喂食;动物园管理员平时精心照料的那只猴子,在看到管理员有危险时,竟会冒着生命危险把管理员从凶巴巴的狒狒手中救出来。当然,当时的达尔文并不知道迷走神经、前扣带回皮质或导水管周围灰质的存在,但他凭直觉感知到了这些器官具有激发同情心的功能。

大约 150 年后，达契尔·克特纳通过实验证明了他的直觉。达尔文写道："我们只有减轻了他人的痛苦，自己的痛苦才能得到缓解。"

与克特纳一样，达尔文也凭直觉认为，这些行为是由父母爱护孩子的本能演变而来的。他说，没有感受过父母关爱的动物，不可能具有同情心。

对于大自然的冷酷，达尔文不可能视而不见。相反，他为大自然中存在的种种残酷现象深深着迷，用一位传记作者的话来说，这是因为"长期以来，他深深地感受到了这个世界的痛苦"。他知道动物的行为有多么凶残，比如，如果族群中的某一成员受了伤，其他成员要么会将它驱逐出群，要么就直接将其杀死。他清楚，动物对"家人"的同情心最强，而对"外人"的同情心比较弱，甚至没有同情心；人类基本上不会给予其他物种"同类"般的同情。但他也相信，如果我们能够将自己的同情本能尽可能地扩大延伸，能从自己的家庭延伸到全人类，最终延伸到所有有情感的生物，这将是人类最高尚的道德成就之一。

加利福尼亚大学心理学名誉教授保罗·艾克曼称达尔文思想和佛教思想之间存在"惊人的巧合（如果是巧合的话）"，这又如何解释？艾克曼说，也许达尔文受到了朋友约瑟夫·胡克（Joseph Hooker，植物学家，曾前往西藏研究那里的植被）的影响，所以对藏传佛教了解一二。也许达尔文是在乘坐大名鼎鼎的"小猎犬号"航船环游世界时，在加拉帕戈斯群岛的教堂里产生了这些想法。又或许，是他失去爱女安妮的痛苦经历铸就了他的这些思想。

＊＊＊

我们倾向于把"具有同情心"这一特质归入人类情绪档案中"积极"的那一页，但实际上这显然是一种苦乐参半的观点，因为同情是悲伤的产物。克特纳的毕生心血都投入到积极心理学上，主要研究人类的幸福。"积极心理学"一词是美国著名社会心理学家亚伯拉罕·马斯洛于1954年提出的，后来心理学家马丁·塞利格曼大力倡导和推广这一术语，因为它很好地表达了两位学者认为心理学过度关注精神疾病而忽视精神力量的观点。他们想要探索的是，究竟需要怎样的方法和心态才能让我们的内心快乐地歌唱，让我们的生活更美好。塞利格曼在这方面的研究取得了巨大成功。或许你曾看到过无数鼓励你写感恩日记、练习正念冥想的文章，这些都源自塞利格曼的学说。许多人受到他的启发后，纷纷成为积极心理学的践行者。

但是，积极心理学由于忽视了悲伤和渴望等人类重要体验，从而招致了许多批评。批评人士指责这一学说过于偏重美国人的"快乐文化"，如心理学家南希·麦克威廉姆斯所说："（积极心理学）认可的是……喜剧版的人生，却忽视了生活中的悲剧，它鼓励人们追求幸福，却忘记提醒人们接受不可避免的痛苦。"

这其实不足为奇：心理学研究本来就很少关注苦乐参半中的人类潜力。如果你是一个忧郁型的人，你可能曾经期待在这门学科的某个地方找到共鸣。然而，除了"高度敏感"的典型人格，你能了解的充其量就是关于"神经质"这一人格特质的研究，研究内容与其名字一样具有吸引力。根据现代人格心理学，神经质水平高的人通常表现得焦躁苦闷，没有安全感，容易生病、产生焦虑、患上抑郁。

但神经质也有神经质的好处。尽管神经质水平高的人免疫系统承受的压力很大，但他们的寿命可能会更长，因为他们警惕性强，更加关注自己的健康情况。他们是奋斗者，因为害怕失败所以追求成功，善于利用自我批评从而不断进步。他们是优秀的学者，因为他们会在大脑中对各种概念精雕细琢，并从各个角度深入思考。精神病学家艾米·艾弗森在《今日管理》杂志上说，对企业家来说，懂得深思就会使他们"从用户体验、广告策略或推广新想法方面深入思考，同样，创意人士能够利用这种深思的力量记住电影剧本中的每一句台词，或打磨出剧本中的最佳细节"。

艾弗森等精神病学家认为神经质的这些优点体现了神经质水平高的人对不利环境的有效适应力。但这种观点缺乏对人性本质的深省，缺乏诗人波德莱尔所说的美丽的忧郁，缺乏人性（尤其是一些人内心）中能带来改变的伟大渴望。人们几乎没有意识到，这些其实是人类创造力、灵性和爱的伟大催化剂，我将在后文中阐释这一点。许多心理学家本身并不信仰宗教，所以想不到从精神层面寻找人类最大谜团的答案。

不过近年来，积极心理学开始研究人们苦乐参半的心态了。加拿大多伦多个人意义咨询研究所所长王载宝（Paul Wong）博士和东伦敦大学讲师蒂姆·洛马斯等心理学家记录了心理学研究的"第二波浪潮",洛马斯说:"这波研究承认幸福实际上有关积极和消极现象之间微妙的、辩证的相互作用。"美国认知心理学家斯科特·巴里·考夫曼在其颇具影响力的著作《自我超越》(Transcend)一书中重温了马斯洛最初的积极心理学概念,发现了有些人有一种苦乐参半的性格特点,马斯洛称其为"超越者":"(他们是)与(传统意义上)健康快乐的人相比,显得不那么'快乐'的人。这类人遇到快乐更易表现得欣喜若狂,能够体验到更高级的'快乐',但他们也容易——或者说十分容易——感受到无尽的悲伤。"

所有这些都预示着,无论是一个个体还是一种文化,都有能力实现克特纳研究的变革性潜力。如果我们能更加尊重我们的悲伤情绪,也许我们就能把悲伤化作沟通彼此的桥梁,而不会以强颜欢笑或义愤填膺的方式应对悲伤。我们应该知道,无论我们认为他人的观点多么令人厌恶,无论他人看上去多么光彩照人或多么强势凶狠,他们要么经受过痛苦,要么将会遭受痛苦。

* * *

克特纳及其与其他人共同创立的至善科学中心开发了许多练习,这些练习都经过科学检验,能够帮助我们学会应对悲伤。

首先,最重要的一步就是培养谦逊的态度。从人们所做的各种研究中我们知道,自恃优越的态度会阻止我们对他人的悲伤甚至自己的悲伤做出反应。克特纳说："如果你自认为比别人优越，当看到生活在饥饿中的孩子时，你的迷走神经就不会活跃起来。"令人惊讶的是，级别高的人（包括在实验中被人为赋予高级别的人）更倾向于对行人视而不见，更喜欢超车抢道，对需要帮助的同事和他人也更加冷淡。实验中，当把他们的双手放在足以烫伤人的热水中，没有邀请他们参加活动或让他们目睹他人遭受痛苦时，他们很少能感受到身体和情感上的痛苦。他们甚至还会多拿多占，连实验室工作人员发的糖果，他们都要多抓一把！

那么，如何才能做到谦逊（尤其是当自己拥有相对较高的社会经济地位时）？要做到谦逊，首先可以做一个简单的练习，即鞠躬练习，就像日本人在日常社交生活中相互鞠躬行礼，以及许多宗教人士在神像面前鞠躬致敬一样。克特纳说，这个动作能够激活人类的迷走神经。2016年，他在硅谷的一次演讲中解释说："人们会开始思考如何通过这些表示尊敬的谦恭行为，实现身心交融。"

当然，许多美国人都不信仰宗教，也有人不喜欢"谦逊顺从"这样的表达，抑或两者兼而有之。但我们可以把鞠躬这样的行为视为一种敬重，而不是屈从。现在许多人都在练习瑜伽，事实上，瑜伽中就有鞠躬的动作；当看到一件令人敬畏的艺术作品时，或者看到大自然的美景时，我们都会本能地低头示敬。

此外，我们还可以通过写作培养谦逊的品质。社会心理学家、圣塔克拉拉大学利维商学院管理学教授胡里亚·贾扎耶里（Hooria

Jazaieri）博士建议把他人对我们表现出的同情，或者把我们对他人感受到的同情都记录下来。如果不喜欢正式的写作，那就试着用日志的形式把我们对他人的悲伤有感触的时刻写下来。贾扎耶里在至善科学中心的网站上建议："要学会收集自己的相关数据，比如一天中你很容易产生同情心的时刻，或者情不自禁产生同情心的时刻（例如，看晚间新闻时），比如一天中你总是拒绝承认痛苦（可能是自己的痛苦，也可能是他人的痛苦）或拒绝忍受痛苦的时刻（例如，在街上遇到一个乞丐或者一个总是挑衅你的家庭成员时）……我们通常能发现（自己的和其他人的）痛苦，但是为了不让自己情绪波动或感动，我们很快就会忽略这些痛苦。"

但是，如果你没有首先学会自我同情，那么你便无法对他人产生同情。这听起来似乎与变得谦逊背道而驰，但是的确有许多人没有意识到这一点，他们只是一味自怨自艾："我这方面不行。""我为什么把事情搞砸了？"但是，据贾扎耶里的观察："没有经验证据表明自我批评能帮助我们改进行为；事实上，一些数据表明这种自责的心理反而会让我们与自己的目标渐行渐远。"

相反，我们对自己越温柔，对别人也就越温柔。所以，下次你听到内心发出刺耳的指责声时，先停下来，深呼吸，再重复做一次。对自己说话时，要用对待心爱的孩子那样温柔的语气，准确地说，要像对待一个可爱的三岁孩子那样，对自己同样充满爱意和安慰。如果你认为这是一种自我放纵，毫无意义，请记住，这不是孩子气，也不是自我解围，而是在照顾自己，这样你的自我才能勇往直前，关爱别人。

※ ※ ※

克特纳是一位心理学家，他长着一头金色的头发，有着冲浪运动员的气质和一双忧郁的眼睛，曾与彼特·道格特和皮克斯工作室的其他制作人合作。克特纳在生活中有许多自怜的理由。最近我联系他的时候，他最小的女儿刚去上大学，家里很安静，空荡荡的。他的母亲孤身一人，患有抑郁症，而且有心脏病。他深爱的弟弟罗尔夫在与结肠癌进行了长期斗争后，最终还是难敌病魔，享年56岁。

克特纳备受打击，深感空虚寂寞。他觉得自己的灵魂好像缺失了一部分。"我的余生无疑都将充满悲伤，"他告诉我，"我不知道自己这一生中是否还会再有归属感，是否还会再有集体感。"

我虽然知道他深爱着自己的弟弟，但听到他说出这番话时，还是感到很震惊。克特纳在学术界最有意义的领域里管理着一个最有影响力的实验室；他是世界上最有活力的一所大学里的知名教授；他有一个相濡以沫30年的妻子，以及两个已经成年的女儿，还有无数个他珍爱的朋友。如果他都没有归属感和集体感，那么谁会有呢？

不过克特纳也知道，悲伤会引发同情——对他人和对自己的同情。在弟弟生病和去世的整个过程中，他做了自己一直想做的事。罗尔夫生性善良，克特纳受此鼓舞，一直想做一名志愿者，帮助附近圣昆廷监狱里那些已经定罪的犯人。"当我陷入痛苦时，我的思路最清晰,"他说,"悲伤就是对同情的冥想。你会顿悟:哪里有伤害,哪里就有需要。之后我离开了监狱。我一想到弟弟就会进入一种好像冥想的状态。一想到人类现在的状况,我也有这样的感受。我不是一个悲观的人,我的内心充满希望。但我认为悲伤是美丽的,悲伤能够予人智慧。"

在罗尔夫生命的最后一个月,克特纳每天都会对弟弟表达感谢:"感谢他所做的一切,感谢他眼中闪烁的光芒,感谢他对弱者展现的温柔。"克特纳穿过校园时会想到弟弟,思考要研究什么时会想到弟弟;他明白他现在所做的工作,以及以后可能会做的工作,都会受到弟弟的影响。失去弟弟虽然让他痛苦不已,但更加深了他的同情心,而这些同情心是小时候在弟弟的影响下于他心中萌生的。他告诉我:"我才刚刚形成现在的世界观,弟弟就走了,不过这些世界观现在还在。"

我问克特纳,他的敬畏之情、好奇之心以及情感联结与悲伤的情绪是相互独立的还是交织在一起的。"这个问题简直让我起鸡皮疙瘩,"他说,"它们是交织在一起的。"

最终,克特纳意识到,自童年时家庭破裂后,他就再也没有让自己产生过归属感。不过也许现在是时候了。每年在加利福尼亚大学伯克利分校的毕业典礼上,他都会情不自禁地扫视人群,寻找那些像曾经的自己一样迷茫的孩子。这些孩子没有家人,独自漂泊,当看到其他同学和家人亲戚聚在野餐桌旁欢声笑语时,他们总是难过地想自己为什么没有家人。

他从34岁起就在伯克利分校教书,现在已经57岁,不再是那个迷茫的孩子了。他也知道那些来自破碎家庭的可怜学生总有一天也会长大。他们会像曾经的他那样走向世界；他们会有自己的事业，经历各种冒险；他们生活中既会有失去家人的阴影，也会有获得他人关爱的光辉；他们可能会重蹈童年时的家庭模式，也可能不会；但他们都会因为最爱的人而感动，他们都有能力走过那座用悲伤架起的桥梁，在桥的另一边找到与他人交融的喜悦，就像深受弟弟影响的克特纳一样。他们也会像克特纳一样，找到归家的路。

第二章

神圣的渴望

———————— * ————————

我这一生中最美好的时刻就是充满渴望的时候——渴望登上高山，渴望寻找万物之美的源泉，那是我的家乡，我本应出生的地方。

——C.S. 刘易斯

有一个优雅的意大利女人,成熟练达,叫弗朗西斯卡。第二次世界大战结束时,她遇到了一名美国士兵,两人结婚后,一起搬到艾奥瓦州的一个小镇生活。小镇居民友好善良,会热心地给邻居送去胡萝卜蛋糕,关爱老人,排斥那些无视道德规范的人,如通奸之人。她的丈夫善良、忠诚,但能力有限;她的孩子们活泼可爱,她非常爱他们。

有一次,她的家人们去集市上卖猪,需要离开小镇一周。这是她结婚后第一次独自一人生活在农舍里,她非常享受这段独处的时光。突然有一天,《国家地理》杂志的一名摄影师敲响了她的家门,询问附近一个地标的位置……他们一见钟情,开始了一段为期四天充满激情的恋情。他恳求她和他一起离开,于是她收拾了行李。

然而在最后一刻,她又把行李放了回去。

部分原因是她已经结婚,还有孩子,而且镇上的人都盯着他们呢。

还有一部分原因是,她知道她和摄影师已经把彼此带到了那个完美而又美丽的世界，现在是时候回到真实世界了。如果他们想永远生活在那个完美的世界里，那个世界就会消失在远方，就好像他们从未去过一样。他们虽然说了永别，但余生都对彼此充满着渴望。

摄影师在弗朗西斯卡的生活中击起的涟漪成为此后支撑她的精神力量。多年后，摄影师在临终之际，送给她一本自己制作的相册，以纪念他们在一起的四天时光。

这个故事是不是听着很耳熟？那是因为这是罗伯特·詹姆斯·沃勒的小说《廊桥遗梦》中的情节。小说自1992年出版后，销量超过1 200万册，1995年该小说被改编成同名电影，由梅丽尔·斯特里普和克林特·伊斯特伍德主演，电影上映后，票房总收入达到1.82亿美元。为什么这个故事如此受欢迎？媒体认为是因为现在有太多婚姻不幸的女性，她们都渴望能有这样一个英俊潇洒的摄影师闯入她们的生活。

但这并不是故事真正要传达的思想。

***

《廊桥遗梦》出版后受到了人们的热烈追捧，读者分成了两个阵营：一个阵营的人非常喜爱这本书，他们认为故事里两个主人公的爱是纯洁的，延续了几十年；另一个阵营的读者则认为两个主人公是在逃避责任——如果是真爱，他们就应该面对一段真正的感情中的各种挑战。

孰对孰错？我们是应该学会放弃憧憬童话般的爱情，全然接受我们自知不完美的爱情，还是应该相信阿里斯托芬[1]在柏拉图的《会饮篇》中所述：人类的灵魂本就是两两一体，曾紧密相连，两个人拥有一副身体，那时我们是如此快乐、强大，这却引起了泰坦巨神的恐惧，他鼓动宙斯将我们分开；而现在，如作家琼·休斯敦所说，我们一生都要生活在对"失去的那一半"的渴望之中？

我们现在生活的世界崇尚实用性，作为其中的一员，你很清楚这些问题的正确答案：你当然没有什么"失去的那一半"。世界上根本就不存在灵魂伴侣，没有哪一个人能满足你所有的需求。对亲密无间、唾手可得以及永无止境的满足感的渴望，不仅会给你带来无尽的失望，更是神经质的、幼稚的想法。你应该成熟起来，克服这样的思想。

然而，有一种观点已经存在了几个世纪，却鲜为人知。这种观点表明：我们对"完美"之爱的渴望是正常的，也是可取的；希望与所爱之人达到灵魂的融合也是人类内心最深处的愿望；这种渴望是通往心灵归属的道路。这里的"爱"指的不仅是爱情：当听到《欢乐颂》、注视维多利亚瀑布或跪在祈祷垫上祈祷时，我们也会产生同样的渴望。因此，对于弗朗西斯卡和《国家地理》杂志摄影师为期四天的浪漫爱情故事，我们不应该将其视为荒谬的感情用事，而应看到，这种情感与聆听音乐、看到瀑布和祈

---

[1] 古希腊早期喜剧代表作家，同哲学家苏格拉底、柏拉图有交往。相传写有44部喜剧，现存《阿卡奈人》《骑士》《和平》《鸟》《蛙》等十一部。有"喜剧之父"之称。——译者注

祷时的情感没有实质区别。渴望本身就是一种具有创造性的精神状态。

此外，我们反驳柏拉图爱情观的理由也很充分。

＊＊＊

2016年，出生于瑞士的博学多产的作家、哲学家阿兰·德波顿在《纽约时报》上发表了一篇题为《为什么你会嫁（娶）错人》的文章，成为当年阅读量最高的一篇专栏文章。德波顿在文章中指出，如果我们放弃浪漫幻想，不再相信"世界上存在这样一个能够满足我们所有需要、实现我们所有渴望的完美之人"，那么我们自身就会发展得更好，婚姻也会更幸福。

文章发表后，德波顿在他创立的"人生学校"举办了一系列研讨会。学校总部位于伦敦市中心，项目遍及世界各地——从悉尼到洛杉矶，以及现在我和300名同学所在的埃贝尔大剧院。德波顿课程理念的基础是："我们在感情中所犯的最严重的错误就是，总是认为对方不是那个能让我们更有智慧、生活得更好的人。"因此，我们应该停止渴望来自"失去的那一半"的无条件的爱；我们应该接受伴侣的不完美，转而专注于弥补自己的不足。

阿兰身材高大，有教授风范，有着浓厚的牛津剑桥口音，思维敏捷、出口成章。他以精神分析学家的敏锐审视着坐在会场里的每一个人，能够觉察出哪个人因为不安而无法完成他布置的练习。当有人结结巴巴地说因为离开了丈夫而感觉自己像一个"自私的坏女人"时，他会恰如其分地给予鼓励。他的表现完美无瑕，却保持着谦卑的姿态，就好像他觉得自己没有资格站在讲台上似的。他自嘲是"一个秃头怪人，在这里教别人一些连自己都不十分了解的东西"。阿兰写过一些关于"忧郁的智慧"方面的文章。通过"苦乐参半小测验"可以预测出，他最喜欢用的一个词应该是"心酸"。在他看来，令人心酸的是，我们总是倾向于选择那些与我们的父母有着同样问题的人。令人心酸的是，我们总是在担心自己对别人不够重要时，与他们发生争执。拥有法拉利的人不一定肤浅而贪婪，而有可能是因为一种缺爱的心酸。

阿兰问："谁认为自己很容易相处？"——我们的首要任务是发现自己的缺点。

有几个人举起了手。

他笑着说："不容乐观啊。虽然我不认识你们，但我已经知道了你们不容易相处。如果你坚信自己不好相处，那么你不可能和任何人一起生活！我们这里只有麦克风和诚实、可爱的人，没有社交媒体，那么让我们再听听你们为什么自认为难以相处。"

有人举起了手。

"我喜怒无常，而且嗓门大。"

"我总是喜欢小题大做。"

"我有点儿邋遢，总是喜欢大声放音乐。"

"大家注意了！"阿兰大声说，"如果把你们的问题一一罗列，长得恐怕都能够着剧院的天花板了。但是我们在约会时，都会忘记自己的这些问题。讽刺的是，在约会时我们通常都自认为：'无论世人多疯狂，唯吾完美无瑕。'"

"请问在座的有谁渴望他人能爱上真实的自己?"他继续问,"希望因为真实的自我而被爱的人,请举手。"

又有几个人举起了手。

"哦,天哪!"阿兰责怪道,"看来我们学得还不到位啊。难道我刚才说的大家都没有认真听吗?别人怎么可能爱上真实的你呢?你是一个问题重重的人啊!怎么可能有人爱上这样的你?你必须成熟起来,你必须转变思想!"

他在课程中还穿插了一些短片,展示了夫妻之间的各种互不理解。这些夫妇(或暗生情愫的人)中,有细心体贴的男士,喜欢坐在公园的长椅上看书;有相貌甜美、穿着羊毛衫的女士,准备乘火车。他们都是苦乐参半型的人。短片的配乐是忧郁的钢琴曲。人生学校的学生基本都是自由设计师、忧伤的工程师和求职者,他们看起来很像这些夫妇:严肃认真、彬彬有礼,时尚但又不哗众取宠。阿兰在台上说,自己穿的裤子就是盖璞牌的。

接着,他提醒我们,我们并没有所谓的"失去的那一半"。"我下面要说的话可能有点儿残酷,"他警告道,"我们必须接受一个事实:不可能有哪个伴侣能够理解我们的一切,能够在各个方面与我们兴趣相投。归根结底,伴侣之间能实现的只是一定程度的相互兼容。让我们回到柏拉图的爱情观,彻底地把他那迷人但疯狂、毁灭爱情的幼稚思想扼杀在摇篮中吧。记住:我们没有灵魂伴侣。"

阿兰说,事实上,正是因为我们对"失去的那一半"心存幻想,才阻碍了我们去欣赏身边的伴侣。我们总喜欢把存在缺陷的伴侣与"我们想象中那个完美的陌生人进行对比，尤其会与那些在图书馆和火车上偶遇的陌生人进行对比"。他通过一项名为"反浪漫白日梦"的练习阐明了这个问题。在这项练习中，他让我们想象有魅力的陌生人的缺点。首先，他给我们看了四张照片，上面是两男两女。

"从四个人中选出一个最吸引你的人，"阿兰发出指示，"想象一下你们在一起三年后，在哪些方面会产生较大的分歧，详细列出五个方面。注意要透过他们的眼睛发现他们的特点。"

一位戴着时髦眼镜、操着富有磁性的爱尔兰口音的年轻观众挑选了一张照片，照片中是一位女性，戴着红色围巾，脸上显露出渴望的表情。"她的表情和我的狗在我离开时的表情一样，所以我认为她可能非常需要关爱。"

一位身穿印花连衣裙的金发女子选择了一张照片，上面是一个身材苗条的年轻女子，正坐在图书馆里看书。"她可能是个喜欢读书的人，"金发女士说，"但是她读什么，你就必须读什么。你必须唯她是从。"

还有一张照片，上面是一位身穿西装、打着领带，看上去很富有的男子，一位女士评价道："他的头发太美了，深深地吸引了我，但他可能很虚荣，如果我轻抚他的头发，他会说'别碰我的头发'。"

* * *

我不止一次感叹阿兰才华横溢（几十年来我一直对他所做的

一切钦佩有加）：他不仅是一位诙谐、有见地的作家和演说家，而且还能挽救他人的婚姻。但是，纵然我们能将他的见解运用到我们的爱情生活中，弗朗西斯卡的渴望也依然存在，换句话说，我们的渴望仍然存在。我们该怎么办？这又意味着什么？

　　关于这些问题，我们可以从苦乐参半的角度解读。苦乐参半的传统告诉我们，在爱情这件事上，渴望之情格外浓烈，但这并不意味着渴望源自爱情。相反，先产生的是渴望，而且渴望是独立存在的；浪漫的爱情只是渴望的一种表现形式。这恰巧也是我们国家的文化对渴望的一种主要表现形式。实际上，我们的渴望可以通过无数种方式表现出来，如聆听悲伤的音乐。关于为什么这么多人喜欢听悲伤的音乐，我在很长一段时间内始终不得其解。

　　我有一个非常喜欢的视频，视频呈现了一个两岁的小男孩第一次听到《月光奏鸣曲》时的样子。小男孩的脸颊圆嘟嘟的，头发呈金色，比较稀疏，都能看到下面粉红色的头皮。家人正带着他聆听一场钢琴独奏会，一位年轻的演奏家正在倾力演奏贝多芬的这支名曲。从画面中可以看出，孩子虽然才两岁，但是他知道这是一个庄严的场合，应该保持安静，但他还是被那扣人心弦的旋律深深打动，小脸绷得紧紧的，强忍着没有哭出声音来。他轻声呜咽了一下，眼泪悄悄地顺着脸颊滑落，他对这支乐曲的反应，表明他心中蕴藏着某种深刻、近乎神圣的东西。

　　这段视频迅速在网上传播开来，许多人留言分析了男孩眼泪的含义。除了个别几条尖锐的评论（如"我听了那些悲戚的音符也会哭"），大多数人似乎都能从中感觉到，人性中最美好的东西以及人生中最深刻的问题，就像某种密码一样写在了男孩的悲伤中。

在这里用"悲伤"一词合适吗？有些评论者认为这个男孩之所以会流泪是因为他太敏感，有的人认为是因为他有同理心，还有的人认为男孩是喜极而泣。一名网友对于小男孩能感受到乐曲中"矛盾又神秘的强烈的欢乐和悲伤"非常吃惊，他说："正因如此，世世代代的人的生活才有了价值。"

在我看来，这个观点最接近问题的答案。然而，究竟是什么让《月光奏鸣曲》这种苦乐参半型音乐如此令人振奋呢？一首乐曲如何能做到将快乐与悲伤、得与失的情感交融在一起？为什么我们如此喜欢听这样的音乐？

事实证明，很多人听完这首乐曲后的感受都和这个孩子（还有我）相同。与欢快的音乐相比，悲伤的音乐更能引发神经科学家贾亚克·潘克塞普（Jaak Panksepp）所说的"颤抖、起鸡皮疙瘩等皮肤反应"，也就是感到寒冷时的反应。喜欢听欢快歌曲的人，平均会将这些歌曲听175遍。但根据密歇根大学教授弗雷德·康拉德（Fred Conrad）和贾森·科里（Jason Corey）所做的一项研究，喜欢苦乐参半型歌曲的人，平均会将这些歌曲听800遍，因此，他们得出结论：与那些喜欢欢快歌曲的人相比，喜欢苦乐参半型歌曲的人与音乐有着"更深层的联结"。这一类人表示，他们会将悲伤的歌曲与深刻的美、深层的联结、自我超越、怀旧之情和共同人性——即所谓的崇高情感——联系在一起。

想一想那些备受欢迎的音乐流派，如葡萄牙的法多、西班牙的弗拉门戈、阿尔及利亚拉埃乐、爱尔兰哀歌、美国的布鲁斯音乐，哪一个没有深刻挖掘人们的渴望和忧郁之情呢？E. 格伦·舍伦贝格（E.Glenn Schellenberg）和克里斯蒂安·冯·舍维（Christian Von Scheve）的研究表明，现在越来越多的流行音乐（约60%的歌曲）都加入了小调元素，而在20世纪60年代，只有15%的流行歌曲中有小调元素。巴赫和莫扎特的许多名曲都是用小调写成的，一位音乐家曾将其描述为"欢乐而忧郁"的小调[1]。美国最受欢迎的摇篮曲之一《睡吧，小宝贝》中有一句歌词："婴儿从摇篮中跌落。"一首阿拉伯摇篮曲这样歌唱人生："如一个陌生人行走在世界上，没有一个朋友。"西班牙诗人费德里科·加西亚·洛尔迦收集了许多西班牙摇篮曲，总结后得出结论：西班牙人用"最悲伤的旋律和最忧郁的歌词哄孩子们入睡"。

其他美学形式中也存在这种现象。很多人都喜欢悲剧、雨天、催泪电影。我们喜欢樱花——甚至专门设立了樱花节，这是因为樱花花期短，很快就会凋谢，因此与同样美丽的花朵相比，我们更爱樱花。（最爱樱花的日本人将这种心态解释为"物哀"，这是因为感慨"万事皆有哀愁"和"人生时有无常"而产生的一

---

[1] 1806年，一位音乐学家这样描述C小调："既可以表达对幸福爱情的宣言，又可以表达对不幸爱情的哀叹。C小调将那些为情所困的灵魂所表现的忧思、渴望和叹息展现得淋漓尽致。"（相比之下，C大调的旋律"完全纯洁，展现了天真、简单、无邪、童真的元素"。）

种略带悲伤的理想状态。)

哲学家称这种心态为"悲剧悖论",这也是几个世纪以来一直让他们备感困惑的问题。为什么有时我们会渴望悲伤,而大部分时间又会尽力避免悲伤?现在这个问题也引起了心理学家和神经科学家的关注,他们提出了各种理论:《月光奏鸣曲》可以治愈痛失亲人或抑郁的人;悲伤的乐曲有助于我们接受负面情绪,而不是一味忽视或压抑这些情绪;这样的音乐能让我们感受到,悲伤中的我们并不孤独。

最近,芬兰于韦斯屈莱大学的研究员进行了一项研究,他们给出的解释更加令人信服。他们发现,在影响一个人是否会因悲伤的音乐而感动的所有变量中,共情能力的影响最大。在这项研究中,研究员让102个实验对象听了电视剧《兄弟连》悲壮的主题曲。那些对这类音乐产生反应的人,与那个听到《月光奏鸣曲》并做出反应的两岁孩子一样,都具有较强的共情能力,"对社会感染具有敏感性"并且注重他人的"幻想",换句话说,他们是通过别人的眼睛看这个世界的。他们很容易迷失在书籍和电影虚构的人物情感中,对于他人的烦恼不仅不会感到不快或焦虑,反而会报之以同情心。对他们来说,悲伤的音乐很可能是一种联结的方式。

还有一种流传已久的解释,可以追溯到亚里士多德时期,即人们喜欢悲伤其实是一种精神宣泄。也许希腊人在看着舞台上的俄狄浦斯刺瞎自己双眼那一幕时,其实也是在释放自己纠结的情感。神经科学家马修·萨克斯(Matthew Sachs)和安东尼奥·

达马西奥（Antonio Damasio）以及心理学家阿萨尔·哈比比（Assal Habibi）回顾了所有研究悲伤音乐的相关文献，指出蕴含渴望的旋律有助于我们的身体达到体内平衡状态，此时我们的情绪和生理机能都会处于最佳状态。研究还表明，给重症监护病房里的婴儿播放摇篮曲（通常是悲伤的），要比播放其他类型的音乐更能增强他们的呼吸、吮吸力度，提高其心率！

然而，听《月光奏鸣曲》并不只是单纯地帮助我们释放了情绪，它还升华了我们的情感。只有悲伤的音乐才能激发出崇高的联结之情和敬畏之心，而那些传递恐惧和愤怒等负面情绪的音乐则不会产生这样的效果。萨克斯、达马西奥和哈比比通过研究得出结论：即使是欢快的音乐，产生的心理回报也没有悲伤的音乐多。听到欢快的曲调，我们会情不自禁地在厨房里随着音乐舞动，产生邀请朋友共进晚餐的冲动。然而，听到悲伤的音乐，我们会产生触摸天空的心境。

***

但我认为，用来解释悲剧悖论的大统一理论与多数同类理论一样，只是看似简单。我们其实并不喜欢悲剧本身，我们喜欢的是悲伤和美丽相互交融，一种有苦亦有甜的感觉。例如，看到幻灯片中表示悲伤的单词或愁眉苦脸的面孔时，我们并不会感到兴奋（研究人员已经对此进行了测试）。我们热爱的是凄美如挽歌的诗，雾里朦胧的海滨城市，缥缈云层中的尖塔。换句话说：我们喜欢的是能够表达我们对与他人产生情感联结的渴望、对完美世界的渴望的艺术形式。当听到《月光奏鸣曲》悲伤的旋律时，我们会莫名感到兴奋，这正是因为我们对感受到的爱产生了渴望——脆弱、短暂、转瞬即逝、珍贵、超然的爱。

在我们这个视阳光、快乐为标准的文化中，如果把渴望看作一种神圣的、生生不息的力量，看似有些格格不入。但是，这种力量以不同名称、不同形式在世界各地传播了几个世纪。长期以来，作家和艺术家、神秘主义者和哲学家一直努力地为此发声。加西亚·洛尔迦称这种力量是"人人都能感觉到的神秘力量，也是哲学家无法解释的力量"。

古希腊人把这种力量称为"pothos"，柏拉图将其定义为"对我们无法拥有的美好事物的渴望"。pothos 就是指我们对一切美好事物的渴望。人类是为物质所困的生物，受到渴望的启发才能进入更高级的现实世界。这一理念将爱和亡相结合。在希腊神话中，渴望是欲望的兄弟、爱的儿子。由于 pothos 蕴含着一种对不可企及之物的渴望之意，希腊人也用这个词形容在坟墓前用于祭奠的花。现在人们听到"渴望"一词，自然就联想到消极、忧郁和无助，但过去人们却将其视为一种激发性力量。年轻的亚历山大大帝坐在河岸上凝视远方时，感觉自己"被渴望紧紧抓住"；也正是渴望在巨著《奥德赛》中推动了故事发展，奥德修斯即使遭遇重重海难，依然满怀回家的渴望。

作家 C.S. 刘易斯将这种力量称为"无法得到安慰的渴望"或者"Sehnsucht"，因为我们不知道渴望的是什么。"Sehnsucht"（渴望）是一个德语单词，由"das Sehnen"（渴望）和"sucht"

（痴迷或上瘾）组成。渴望是刘易斯维系生活和事业的生命力。这种力量"难以名状，可能是在闻到篝火的味道，听到野鸭掠过头顶的声音，看到《世界尽头的水井》[①]这个书名，读到诗歌《忽必烈汗》的开场词，发现夏末晨曦中的蜘蛛网或听到潮水退去的声音时我们所产生的渴望，它如一把双刃剑刺透我们"。刘易斯在还是个孩子时就有过这种感受。有一天他的兄弟送给他一个迷你花园，那是在旧饼干罐里用苔藓和花朵装饰出的一个小花园。当时他的内心油然升起一股喜悦的疼痛感，他无法解释。此后他的一生都在努力把这种感受用语言表达出来，一直在探索这种情感的根源，一直在寻找能够理解这种"被快乐刺痛"的奇妙感觉的人。

还有的人认为，这种渴望解答了宇宙之谜。艺术家彼得·卢西亚（Peter Lucia）这样描述渴望："我感觉生命、爱情、死亡、（已选或未选的）生命之路，甚至宇宙本身，都以某种方式蕴含在既令人痛苦又无限美好的承诺中。"我最喜欢的音乐家莱昂纳德·科恩说，他最喜欢的诗人加西亚·洛尔迦告诉他，他是"一个痛苦的生物，生活在这个令人痛苦的宇宙中，因此痛苦是可以接受的。痛苦不仅是可以接受的，而且能够让你具有拥抱日月的胸怀"。

从弗朗西斯卡和《国家地理》摄影师之间的爱情故事中我们

[①] 《世界尽头的水井》是威廉·莫里斯最著名的奇幻文学作品，也是现代奇幻文学的奠基之作。——译者注

可以看出，渴望常常是以肉欲之爱体现出来的。小说家马克·梅利斯（Mark Merlis）写过一篇著名的文章，描述了当你遇到一个无法抗拒的人时产生的神秘痛苦：

> 你体会过那种遇见某个人后，你也不知道自己究竟是想和他缠绵还是想哭的感觉吗？那不是因为你不能拥有他，也许你可以，而是因为你立刻就能看出他身上有着你无法企及的东西。你不能一意孤行，就像你不能通过杀鸡取卵的方式得到他一样。所以你想哭，不是像孩子一样哭泣，而是像一个被放逐已久却突然想起自己祖国的人一样哭泣。这就是卢肯第一次看到皮洛士时的心情：他好像瞥见了那个我们注定要去的地方，也就是我们出生前被驱逐出境的那片海岸。

渴望也是终极缪斯女神。词曲作家兼诗人尼克·凯夫说："我的艺术生活就是以愿望为中心，更准确地说就是，我要用艺术表达铭刻在我骨头中、流淌在我血液中的失落和渴望的情感。"钢琴家兼歌手妮娜·西蒙被誉为"灵魂教母"，因为她的音乐充满了对正义和爱的渴望。西班牙人把渴望称为"duende"（魔力），认为它是激情四射的弗拉门戈舞和其他艺术形式的核心。葡萄牙语中有"saudade"的概念，指一种甜美而刺痛的怀旧感，常以音乐的形式表达，以怀念那些最为人所珍视却早已逝去或者根本就不存在的东西。印度教中有一个词"viraha"（通常是指与爱人分离的痛苦），据说是所有诗歌和音乐的源泉。印度有一个传说：一只鸟在向配偶示爱时，被猎人一枪打死，它的配偶伤心不已，轻声哭泣，蚁垤仙人（Valmiki，世界上首位诗人）看见此情此景，非常感动，从此萌生了写诗的想法。印度精神领袖古儒吉大师写道："渴望本身就是神圣的。渴望世俗之物，你会变得毫无生气；渴望永不枯竭，你便会永远充满生命力。秘诀就是既要忍受渴望之苦，又要继续前行。有了真正的渴望，幸福便会翩然而至。"

所有关于渴望的古老说法的核心都是分离之痛、对重聚的渴望，以及渴望的偶尔实现。那么分离之痛究竟源于什么？柏拉图认为，分离之痛源于我们与灵魂伴侣的分离，因此寻找灵魂伴侣成了我们一生中最重要的任务之一。从精神分析的角度来看，分离之痛源于我们出生时与母亲的分离；从对自己认可的角度来说，分离之痛源于我们努力治愈过去受到的创伤。所有这些都是对神圣分离的隐喻的不同表达而已。分离、渴望和重聚也是大多数宗教的核心。我们渴望伊甸园、锡安[①]、麦加，我们渴望"爱人"（苏非派对神的亲切称呼）。

***

我曾参加过一个苏非派组织的活动，并认识了我的好朋友塔拉，她做了一个有关意义和超越的演讲。塔拉是在多伦多苏非

[①] 耶路撒冷城的一座山，但在《新约》中成了一个具有启示内涵的象征性词汇，或象征神的教会，或象征天上的神之城。——译者注

派的一个修道会里长大的，有银铃般的嗓音，眼眸低垂，充满善意。意大利画家笔下的圣母就有一双这样的眼眸，那是一双富有同情心的眼眸，也是一双满溢友爱之情的眼眸。

那时我对苏非派了解不多，只是大概知道它是伊斯兰教的一个神秘主义分支。活动当晚，塔拉讲述了自己在修道会长大，负责为长老们端茶（波斯茶）送水的故事。长老们每周会来两次，在此沉思冥想，宣讲教义。他们的修行还包括以爱的名义为他人服务。后来，塔拉随父母从加拿大搬到了美国，一个倡导成功和积极乐观的国度。起初，她欣然接受了这个新世界：在大学里不是竞选这个组织的主席，就是担任那个机构的主编；渴望完美的成绩、似锦的事业、理想的男友、舒适的公寓。但是，由于日常生活中没有苏非派神秘主义的指引，她的生活失去了重心，于是她全身心投入到寻找生命意义的旅途中。

她在小礼堂的演讲结束后，大家喝着葡萄酒、吃着开胃小吃，一起畅谈聊天。塔拉的父亲叫爱德华，是一名建筑商，已是胡子花白。我问他是否认识意第绪语中"kvelling"这个词，并向他解释这个词的意思是"对你所爱的人，尤其是对孩子，充满骄傲和快乐"。因为这是塔拉的第一次公开演讲，所以我这么问意在了解他对女儿这个新的公众角色有什么感受。我以为他会说"我很快乐，也为她感到骄傲"，然而让我没想到的是，他却说自己确实感到快乐，但同时也很难过："她长大了，不需要我的保护了，也不需要我给她讲故事了。现在是她给我讲故事，给所有听众讲故事了。"

第二章 神圣的渴望

出乎我预料的是，他竟然这么快就可以开诚布公地谈论自己的"空巢"感受，以及他竟如此清楚自己的渴望。我更没想到的是，他会在这种场合向他人承认自己这些情绪。但是爱德华给人的感觉是，哪怕是第一次见面，你都可以与他探讨内心想法。于是我和他攀谈起来。

"苏非派神秘主义的核心就是人之渴望。"他说着精神略振，"所有的修行都以渴望为基础——对相聚的渴望、对神的渴望、对万物之源的渴望。无论是沉思冥想、以爱修行还是为他人服务，都是源于你对归属感的渴望。"他说，苏非派最著名的长诗《马斯纳维》（作者是13世纪学者哲拉鲁丁·鲁米）的核心思想就是人之渴望。"听，芦苇的诉说。"这是故事的开头，"分离……被放逐的人渴望回归。"

爱德华还给我讲述了他与塔拉的母亲阿芙拉在多伦多一次苏非派集会上相遇的故事。爱德华出生于美国，那里宗教气氛并不浓厚，他只是在不经意间看到了鲁米的诗。阿芙拉在伊朗的穆斯林家庭中长大，19岁搬到加拿大后开始接触苏非派。在集会上她走进人群中，坐在了爱德华旁边，爱德华立刻知道他将来一定会娶她为妻。但是当时她生活在多伦多，而他生活在芝加哥。道别时，他告诉她，回到家后他就把自己最喜欢的鲁米诗歌英译本寄给她。此后，他每个周末都来多伦多看望她，见到了她两岁的女儿塔拉，并爱上了这个小女孩。

"那些日子里，我渴望见到她们的心情如此强烈。"他告诉我，"即使人在芝加哥，我也会时不时地朝多伦多的方向望去。我会坐火车去看她们。然而，在火车站，我们总是依依不舍，离别的过程太痛苦了，于是后来我选择开车去看望她们。说到渴望，这个词的内涵太广了，我都不知道渴望的尽头在哪里。家不是一个固定的地点，家是渴望之所在，没有家内心就会痛苦，不过，家是我们内心中一个比较大的渴望。苏非派神秘主义将渴望称为痛苦，同时又称之为治愈之良药。"

第二年 5 月，他们结婚了，爱德华成为塔拉的父亲。两年后，爱德华和阿芙拉一起管理修道会，塔拉在充满奉献和仁爱的环境中长大，余生也一直秉持着奉献和仁爱之心。

在和他进行这番交谈之前，我一直是一个不可知论者，而当我全身心投入到这本书的写作中时，我的内心正在敞开，迎接着某些新事物。我开始理解宗教的推动力有多么强大，不仅是从知识层面理解，而且是从内心深处开始理解。我对宗教不再像以前那样不屑一顾。我逐渐意识到，我之所以对小调音乐能够产生如此强烈的反应，是因为我对超越有了更深的理解，是我的意识有了转变。准确地说，我并不是开始信神了，至少不会信仰古书中所说的某个具体的神，我的这种转变意味着精神本能的复苏。

我也开始意识到，这种本能有诸多表现形式，音乐只是其中一种。同样，爱德华遇到阿芙拉的那一刻也体现了这种精神本能。音乐是对渴望的一种表达方式，那么我们渴望的究竟是什么？对另外的"1/2"或"0.5"或"一半"的期许？但这只不过是对同一种状态的不同表达罢了，那么这种"状态"本身又是什么？这里的分数、小数也好，"一半"这个词也好，万变不离其宗，都只是描述了一个数学概念，用这个概念指代渴望，仍然让人感觉词不达意。我们插在花瓶里的每一朵花，我们悬挂在博物馆里的每一幅画，我们为之哭泣的每一座坟墓，都是对这种"状态"的表达，它们同样难以捉摸而又神妙莫测。

* * *

与塔拉和她的父母相遇后不久，我对苦乐参半的感受达到了高潮。一天晚上，我在搜索引擎中输入了"渴望"和"苏非派神秘主义"这两个词。网页弹出的信息中，有一段视频引起了我的注意，视频中苏非派讲师卢埃林·沃恩-李（Llewellyn Vaughan-Lee）博士用轻快的威尔士口音讲着课，他身后的画面中有高耸入云的缅甸寺庙、悉尼的地平线、巴西的贫民区和一位日本艺妓，她的脸颊涂抹得惨白，一滴眼泪顺着脸颊流了下来，这些画面之间形成了鲜明对比。视频的标题为"分离之痛"，卢埃林正在讲解什么是渴望。"该回家了，"他说，"回到属于自己的地方，发掘真正的自己。"

全世界形形色色的人以多种形式信奉苏非派神秘主义，大部分信徒是穆斯林，也有部分不是穆斯林。所有宗教都有其神秘主义分支，它们试图越过传统宗教仪式和教义，直接与神建立联结。传统的宗教领袖有时会将神秘主义者视为愚昧之人或异教徒，或者两者兼有，可能是因为担心如果有人绕过宗教组织直接走向神，他们就会无事可做。自 2016 年以来，恐怖组织"伊斯兰国"

大规模屠杀了许多苏非信徒。

幸运的是，大多数信徒并未受到影响，坚定地践行着苏非派神秘主义，卢埃林就是一个例子。正因如此，我才有机会在互联网上与他相遇。在接受奥普拉的采访时他说，我们渴望神（the Beloved）之爱，神同样也渴望我们的爱。奥普拉听完深感认同，激动得差点儿跳起来。2016年，他做了一场关于"离与合"的演讲；几年后，他提醒世人，我们将进入精神黑暗的时代。他说话低调，不喜引人注目，神情始终如一，总是穿着白色的衣服，从未改变。他说话时语气温和，英俊帅气却毫不张扬，戴着一副圆形金丝框眼镜，为人们讲述深藏于我们内心的痛苦，讲述什么是爱。

他写道："渴望是属于神的甜蜜痛苦。只要唤醒心中的渴望，就能找到归属。渴望如磁石一样，将我们深深地吸引到自己的内心深处，成为'完人'，实现转变。正因如此，苏非派神秘主义者才会始终强调渴望的重要性。伟大的苏非派神秘主义哲学家伊本·阿拉比（Ibn Arabi）祈祷：'神啊，请不要给予我您的爱，请给予我对爱的渴望。'鲁米也表达过同样的理念，他的语言更简练：'勿寻水源，心存渴望，水自来。'"

卢埃林将分离之痛视为精神上的开悟，而非心理上的问题，他写道："如果我们沿着任何一种痛苦或心理创伤铺就的道路前行，就能找到这一痛苦的根源——分离之痛。我们一出生来到这个世界上，……就被逐出了天堂，一生背负着分离之痛留下的伤痕。一旦我们接受痛苦，痛苦就能将我们引向自己的内心深处，这是任何心理治疗都难以触及的深度。"

他时常引用鲁米的诗,鲁米留下了许多脍炙人口的诗歌,他的诗集也是当今美国最畅销的诗集。(只是有些人诟病这些诗歌英译本的准确性存在问题。)鲁米将来自伊朗大不里士的沙姆斯·阿尔丁(Shams al-Din)视为挚友和老师,非常崇拜他,沙姆斯失踪后(可能是鲁米的学生们因嫉妒谋杀了他),鲁米极度悲伤,不能自已。然而就在他心碎不已之时,写诗的灵感倾泻而出。这些诗歌(事实上,是所有苏非派神秘主义文化和世界上所有神秘主义文化)[①]的核心就是:"渴望是神秘的核心,渴望本身就是治愈的良药。"

我那个秉持着不可知论、怀疑论的本我与鲁米的一首诗产生了共鸣。这首诗名为《可爱的狗》(*Love Dogs*),描述了一个人一直在呼唤安拉,这时一个愤世嫉俗的人问他为什么如此烦恼:"我听到你在呼唤,可是你得到安拉的回应了吗?"

那个人动摇了,不再呼唤安拉。一天晚上,他睡着后梦见了诸灵魂的向导——先知海德尔(Khidr),先知问他为什么不再祈祷了。

[①] 神秘主义的核心思想是,神的缺席与其说是对信仰的考验,不如说是通往神之爱的道路。心存渴望,才能离你之所求更近一步。16世纪西班牙阿维拉的基督教神秘主义者圣特雷莎(Saint Teresa)说,神"为灵魂留下了一道伤",但"这道伤如此美丽,灵魂渴望为之而死"。16世纪印度教神秘主义者米拉拜(Mirabai)写了一首诗:"给至高无上的神写信吧,亲爱的克里希那,虽然他从不回信。"现代神秘主义者乔治·哈里森在其标志性歌曲《亲爱的神》(*My Sweet Lord*)中也写到了渴望之情:"我的神,真的很想见到你,真的想与你同在,真的想见到你,我的神,时间已经太久。"

那人说:"因为我的呼唤从未得到回应。"这也许是浪费时间,也许他本就是在向一片虚无呼唤。

但海德尔告诉他:

你所表达的渴望,
就是神给予的回应。

呼唤中的悲伤,
将你与神联结。

你渴望帮助时的
纯粹悲伤,
就是那神秘的圣杯。

听,那狗的哀怨之声,
将它与主人联结。

可爱的狗,
无名之狗。

献出你的生命
做一条可爱的狗。

我在那个愤世嫉俗的人身上看到了自己的影子，也从那个梦见先知海德尔的人身上看到了自己的影子。这首诗对我影响十分深刻，我想，卢埃林也有同样的感受。我想和卢埃林见一面，因为有一个问题困扰我已久，他或许能回答。我一直在读有关佛教和苏非派神秘主义的书，苏非派认为从精神角度来说渴望是有价值的，但佛教的许多教义似乎与之矛盾。佛教认为，人生来就是痛苦的（或者人生来就不知足，这要看你如何阐释梵文"dukkha"一词）。我们之所以痛苦，是因为我们对财富、地位、占有之爱等的欲望和对伤心、不适、痛苦的厌恶。只有消除欲望，才能获得自由（或达到涅槃），这是一个需要通过正念和打坐等修行方式实现的过程。在佛教的理念中，心存渴望似乎就是大问题。一个佛教网站上这样写道："潜心习佛，便知欲望是虚无，把握当下。"

这一教义难道不是与苏非派的诗歌内容相悖吗？难道鲁米和佛陀传递的理念是相互矛盾的？难道苏非派中的渴望与佛教所指的欲望不同吗？虽然我对两种宗教所学不深，但我想知道答案。

我了解到卢埃林成立了一个叫金苏非中心的机构，当时他正在加利福尼亚州伯灵格姆举办一场名为"灵魂之旅"的静修会。我立即订了一张机票，前去拜访他。

静修会在一个面积只有不到16公顷的慈善修女会修道院举行，这是一座天主教修道院，有彩色玻璃窗，有色调暗淡的耶稣像和圣母玛利亚像。我住在一个狭长的长方形房间里，这是一位修女的私人房间。房间干净整齐，纤尘不染，就是不太通风。地上铺着灰色的地毯，房间里摆着一张木制书桌，墙面光秃秃的，靠墙处有一个洗手池。我本想把在飞机上穿的衣服换掉，但无奈包里的衣服也都皱巴巴的，房间里也没有熨斗。我心想："我身上的裙子太皱了，这样在公共场合有点儿不合适吧？"但是整个房间里只有一面镜子，和汽车的后视镜差不多大，高高地挂在洗手池上方。"我站在凳子上不就能照到镜子了吗？"没想到这凳子根本不稳，一踩上去我就摔倒在地，四脚朝天躺在廉价的地毯上。我放弃了，穿着那件皱巴巴的裙子就去参加静修会了。

我走到大厅，这里通风良好，我们就在这里听讲座，大约有300人参加静修会。我到的时间不晚，但是已经没剩下几个座位了。椅子一个紧挨一个，就像廉价航空公司飞机上的座位一样，我看见两位女士中间有个空位，于是挤过去坐了下来。我们彼此离得很近，即使坐着一动不动，也难免会碰到彼此。讲台很简陋，比地面高不了多少，两侧摆放着日式屏风和几瓶花，卢埃林坐在上面，我坐在下面很难看到讲台。静修会还有15分钟才开始，但是大部分人都到了，他们坐在座位上，闭着眼睛不说话。

卢埃林却睁着眼睛。他坐在扶手椅上，静静地看着我们，一手抚摸着他那花白的胡子。他依然戴着那副圆形金丝框眼镜，脸上一如既往是温柔智慧的神情，依然穿着白色的衣服，和他在所有视频中一模一样。房间里虽然安静无声却充满活力。

卢埃林终于开口讲话了，内容丰富，主要是关于苏非派中的几段"旅程"。他说这是他最感兴趣的内容，认为这实际上共涉及三段旅程。第一段旅程是离开"神"的旅程——这段旅程开启后,你就会忘记自己与"神"之间的联结。(我想我之前就一直在这段旅程之中。)在第二段旅程中,你将回忆起与神的联结,那是体会仁慈的时刻,是"你开始寻找光明"的时刻。你会向祈祷者和修行者寻求帮助,以在这段旅程中前行。在西方国家,人们称其为灵性生命。现在西方国家从东方学习了许多方法技巧,能帮助你与灵魂建立联结。每个人都有自己的祈祷方式和信仰,你需要的只是一位精神导师的指引。最后一段旅程就是相信"神"——随着旅程的深入,你也"越来越深入到神圣的神秘中"。

卢埃林说,要走完这几段旅程,你需要一种能量或动力,仅靠自己是不够的。他说,道教主张修气养气,"气"指的就是生命力,或者达到得道(宇宙万物的本源)的境界;而佛教主张纯粹的意识能量。苏非派提倡的是爱的能量——"世间最伟大的力量"。

他谈到爱时,我不禁想到了阿芙拉,一个敏锐、能干、务实的人。阿芙拉在伊朗长大,虽然熟悉苏非派的思想,即世间万物均源于爱,但她不知道现在仍有人在信奉苏非派神秘主义。"我想感受鲁米之所感,体验哈菲兹[①]之所思。"在提到伟大的苏非派诗人对爱和渴望的感受时,她对我说,"他们真幸运,生逢其时,而我连接触苏非派的机会都没有。"

虽然从根本上说我对精神导师心存疑虑,但吸引我千里迢迢

[①] 沙姆斯·丁·穆罕默德·哈菲兹,14世纪波斯伟大的抒情诗人。——译者注

来参加这个静修会的，正是苏非派的精神导师。卢埃林谈到自己的精神导师艾莉娜·特威迪（Irina Tweedie）时，顶礼膜拜之情溢于言表，他援引了苏非派的一句话："弟子就应该对导师虔诚卑躬，如灰尘一般卑微。"我肯定，他这句话是为了强调导师在引导弟子时的重要角色。若要达到一定精神境界，就需要消灭自我，导师在这个过程中起到了至关重要的作用。但是，我不喜欢把主导自我的权力交给一个凡人。

然而，虽然卢埃林说过，爱无法通过互联网传播，但是通过观看他的视频，我还是感受到了自己对他的爱。我甚至开始考虑是否能让他做我的精神导师——或许我能克服对精神导师的排斥心理，也许我去湾区出差的时候，可以去金苏非中心参观……在我的思绪还停留在这些想法时，我突然听到卢埃林说了一个重磅消息——不过，他的语气和举止一如既往地绅士儒雅——他用那种引导人们沉思冥想的语气说，为人导师 30 年了，他太累了，以后不会再上课了，他作为精神导师的使命到此为止，结束了。他盘坐着说，大多数苏非派导师最多能够引导三四十人，持续 15~20 年。但他想引导更多的人，最终这个数字多达 800 人。

他告诉我们："我的使命就是分享苏非派传承了几千年的思想，引导大家实现神圣的转变。苏非派传递'爱'的精神导师最近几十年才来到北美。我希望能工作得更久一些，但是我曾经的存在已经消耗殆尽了，你们正在见证一位导师的衰落。我花了 15 年时间，向我的导师潜心悟学，获得了一些能量，但它们现在都已经耗尽了。我希望所有在我的引导下找到心灵之门的人，都能成功完成自己的灵魂之旅。这是我与自己的约定。你们所需要的，我已经给予。现在是时候学以致用，把所学应用到生活之中了。"

来参加静修会的人中有许多已经跟随卢埃林多年，一听这个消息，他们满腹疑团，不解其意："你说过这条道路还要继续走下去。但是你都离开了，这条路还能走下去吗？"

他告诉他们："我可以肯定，没有我这条路也能继续下去，你们建立的联结也依然存在。我还会爱你们吗？当然，毋庸置疑！我一直都爱你们！我还会继续像家长一样引导大家吗？不会了。"

大家的问题仍然不停，只是有的人提问时还算平静，而有的人却几近恐慌。卢埃林刚开始还耐心地一一回答，但是他突然爆发了。"请给我这个老头一点儿空间！"他大声说，"这是现有的最需要内省的一条精神之路。有了空间，才会有新的可能。如果大家给我空间，我将不胜感激；如果你们继续打扰我，我便在内心竖起道道屏障，请求仁慈的天使保护我。"

早晨的静修会一结束，他就离开了。这时我才发现他看起来比我想象中要老一些、胖一点，而且五官松弛。此刻，在我的心中，大家的悲伤和我自己的悲伤交织在一起——我才刚刚找到卢埃林，转瞬间就失去了他，我怎能不悲伤？尽管我和他之间的关系只是单方面的，而且还是在网上建立的，但我依然感受到了这熟悉的、苦乐参半的分离之痛。他的存在，似乎有一种力量，能帮助你进入一种纯粹的爱的状态。或许他真的可能成为我的精神导师，只可惜我来晚了，错过了他的时代。

※ ※ ※

午餐时，我和卢埃林的几个学生聊天。有的早就知道他要离开；有的刚刚得知，还在震惊之中。但他们都一致认为，他"真的很了不起"。他们说，许多精神导师都陷入了丑闻之中，名誉不保。但卢埃林不同，他从未做过捞金敛财的事，从未与年轻女性有过暧昧之事，他钟情于妻子阿娜特；虽然魅力四射，但行事低调，不求名利。我第一次看到他的视频时就感到奇怪，为什么他的语气如此柔和，富有磁性，却不怎么知名。现在我明白了：对他来说，800个人——800个灵魂——不是一个小数字，他为之付出了巨大心血。他应该休息了，我决定不去打扰他。

不过，静修会结束时，他设计了一个问答环节。我抓住这个机会，问了我一直想问的问题，即苏非派和佛教对渴望的理解有什么不同。同时我告诉他，我是看了他那些关于渴望的视频才来参加这次静修会的。

听了我的话，他的眼神中闪现过一丝兴奋、一丝亲切。（当然，这也可能是我想象的。）

"渴望不同于欲望，"他解释道，"渴望是灵魂的渴望。你渴望回家。我们的文化常把渴望与抑郁混为一谈，事实上两者并不相同。苏非派中有一句谚语：'苏非派神秘主义一开始会让你很痛苦，但是很快就能让你有所感悟。'"

他的回答验证了我从他的讲座和著作中收集到的信息。在我最喜欢的一段文字中，他说渴望并不是一种不健康的欲望，而是对爱的一种温情表达："与世间一切被创造出来的事物一样，爱也具有双重性，有积极的方面也有消极的方面，有强烈阳刚的爱也有温和柔情的爱。'我爱你'，表达的是一种阳刚之爱。'我在等待你的爱，我渴望你的爱'表达的是一种温情的爱。对于神秘主义者来说，能够将我们带回精神故乡的是阴柔的爱，是心存渴望，是未被斟满的杯子把我们带回神的身边……因为我们的文化长期以来始终拒绝阴柔的爱，因此我们失去了渴望的力量。许多人虽然能在内心中感受到渴望之痛，却不知渴望的价值，不知渴望才是内心最深处与爱的一种联结。"

他告诉我："如果你心存渴望，就要接受自己的渴望。不会错的。如果你想回到精神故乡，请让你的心中保有甜蜜的悲伤。"

那么，数百万人与《廊桥遗梦》中的弗朗西斯卡和摄影师的故事产生了共鸣，这究竟是为什么呢？

如果你对自己的爱情生活存有这样的渴望，你或许会觉得这种渴望是不对的。也许你会有这种渴望，也许不会，毕竟我对你的感情生活不了解。

但我了解的是，就爱情而言，最让人困惑不解的就是，那些最持久的感情往往始于坚信自己的渴望已经得到了满足。他们认为自己找到了爱情，梦想实现了，世界因为有了爱慕的对象而变得完美无缺。但这只是求爱阶段，是理想化的阶段。在这一阶段，你和伴侣联结在一起，在那奇妙的时刻，你们携手到达了理想世界；在这一阶段，精神和性爱融为一体。这也是为什么许多流行歌曲歌唱的都是爱情最初的完美。这些歌曲不仅描写了爱情的美好，更是诠释了我们对超越的渴望。（据卢埃林说，西方的情歌源于十字军东征期间前往东方的游吟诗人，他们受到苏非派歌曲的影响。苏非派歌曲歌唱的主要是对神的渴望之情。苏非派信徒用女性的脸颊、眉毛和头发等意象表达对神的爱。然而，游吟诗人只注意到了字面意思，将这些隐喻理解为肉欲而不是爱，因而演变成了月光下人们为故乡的少女歌唱的小夜曲。）

在爱情关系中，现实生活难免会对双方造成困扰。你们可能会为维系伴侣关系和处理家庭琐事产生争吵，你们需要面对人类心理固有的局限，有时还要面临两人依恋风格的矛盾，以及各种焦虑环环相扣的挑战。这时你可能会发现，当你渴求亲密时，伴侣会本能地避开。你可能发现自己是个怪胎，而伴侣就是个笨蛋；或者自己像个恶霸，而伴侣就是一个出气筒；或者自己习惯迟到，而伴侣却极为守时。

即使是最健康的感情中也常有这样那样的渴望。只要你们愿意，你们可以生育儿女，可以讲只有你们两人懂的笑话，探索你们最喜欢的度假地点，相互欣赏，共享一张床；外出旅行时，你们可以在陌生的城市走街串巷，只为给患有背疾的伴侣寻找一个电热垫。最美好的爱情是你们时常能表现出对彼此深沉的爱。

爱情最有可能让你离自己的渴望更近一步。卢埃林说："那些寻求与他人建立亲密关系的人就是因为心存渴望，他们以为另一个人能满足他们的渴望。然而，我们中有多少人真的因为另一个人的存在而真正满足过？你也许一段时间内得到了满足，但不可能永远满足于此。我们想要更多的满足感、更亲密的关系。我们需要'神'之爱。然而，虽然渴望能引领你走向'神灵'，但并不是每个人都有勇气踏入这种痛苦的深渊。"

如果你是无神论者或不可知论者，可能会对"需要'神'之爱"这种说法感到不适或难以忍受。如果你是虔诚的信徒，你就很容易理解这一说法——我们每个人都心存渴望，这个渴望就是得到神的爱。当然，你也可能介于这两种情况之间。

C.S. 刘易斯一生都倾听着苦乐参半的呼唤，他在30多岁时成了一名坚定的基督徒，最终得出结论：我们饥饿是因为我们有吃东西的渴望，我们口渴是因为我们有喝水的渴望，所以，如果我们的"渴望"在这个世界上无法满足，让我们感到痛苦至极，那一定是因为我们属于另一个世界，一个神圣的世界。

C.S. 刘易斯的文学造诣深厚，他在一部著作中这样写道：

> 我们最常用的权宜之计，就是呼唤（渴望的）美，好像这种美能解决一切问题……我们以为美存在于书籍或音乐之中，但是当我们真的从中寻找时，得到的将是背叛，因为美并不在其中，只能从中而悟，而美真正传达的是渴望。美、对过往的记忆，是我们对真正的渴望的美好比喻；但是如果我们误认为这些具象的事物本身就是美，那就会把美以及对过往的记忆变成"愚蠢的偶像"，最终让崇拜者心碎。因为这些美好都不是事物本身，只是一朵我们还没有寻觅到的花朵散发的香味，一首我们没有听过的曲调的回声，一个我们从未去过的国家传来的消息。

就我而言，我认为苦乐参半的传统消除了无神论者和宗教信徒之间的这些区别。无论是从耶和华或安拉、基督或克里希那那里悟出的渴望，还是从书籍和音乐中悟出的渴望，都是一样的。它们可能都与神有关，也可能都与神无关。它们看似不同，实则相同——都是渴望。当你在音乐会上听到最喜欢的音乐家倾情演唱时，那就是渴望；当你遇到心爱的人，用充满爱意的眼神看着对方时，那就是渴望；当你亲吻5岁的孩子向她道晚安，她转过身一本正经地对你说"谢谢你这么爱我"时，那就是渴望。这些都是渴望，都镶嵌着同样珍贵的宝石。诚然，到了晚上11点，音乐会就会结束，你不得不去拥挤的停车场开车回家；诚然，你的感情没有那么完美，因为世界上根本不存在完美的感情；诚然，以后你的女儿可能考不上高中，会大声对你说她恨你。

但这些都是意料之中的，也是弗朗西斯卡的故事不可能有其他结局的原因。她不可能与这位摄影师幸福地生活在一起，因为这个摄影师代表的并不是一个真实的人，也不是完美的人——他代表的就是渴望本身。《廊桥遗梦》的故事其实就是你瞥见伊甸园那一瞬间的故事，它不仅仅关乎婚姻和婚外情，同时阐释了生活中的无常，以及生活中的无常通常比其他一切更有意义的原因。

第三章

将悲伤、渴望转化为创造力与超越

———— * ————

面对无法摆脱的痛苦,与其蛮力挣扎,不如借力创造。

面对这一切,让我们尽情地笑,尽情地哭,哭完再笑。

——莱昂纳德·科恩,《再见,玛丽安娜》

1944 年，后来的诗人、音乐家、全球偶像莱昂纳德·科恩年仅 9 岁，他的父亲去世了。为了缅怀父亲，莱昂纳德写了一首诗。他把父亲最喜爱的领结剪开，把这首诗塞了进去，然后埋在位于蒙特利尔的家的花园里。这是他的首次艺术创作。莱昂纳德后来获得了格莱美终身成就奖，在他 60 年的创作生涯中，父亲逝去的痛始终萦绕在他的心头，但是他将悲痛化为力量，写出了数百首关于悲痛、渴望和爱情的诗。

科恩性感而浪漫，是许多女性的梦中情人，加拿大诗人琼尼·米歇尔（Joni Mitchell）称他为"闺房里的诗人"。他有着能抚慰人心的男中音，内敛而富有魅力。遗憾的是，他的每一段恋情都不长久。他的个人传记作者西尔维·西蒙斯说，作为一名艺术家，他"最适合在渴望的状态下生存"。

也许他最爱的人是那位挪威美女玛丽安娜·伊伦。1960 年，他在希腊的伊兹拉岛与她邂逅。伊兹拉岛是一座闻名世界的艺术家之岛,许多艺术家在此挥洒着艺术的自由精神。当时的科恩只是一位作家,6年后,他才开始把所写的诗歌与音乐结合起来。在岛上,他每天白天写写小说;晚上,他则为玛丽安娜的儿子弹奏摇篮曲。他们一起生活,日子过得安静祥和。后来,当谈到伊兹拉岛的生活时,他说:"好像岛上的每个人都那么年轻漂亮,才华横溢。人人都顶着光环,那么与众不同,独具匠心。当然,这就是年轻的感觉,只是在伊兹拉岛灿烂迷人气氛的烘托下,无形之中这些品质都被放大了。"

后来,莱昂纳德和玛丽安娜都离开了伊兹拉岛,他要回加拿大谋生,而她因为家庭原因要回到挪威。他们尝试过再续前缘,但最终没能坚持到最后。再后来,他移居纽约,成为一名音乐家,此后再没过真正适合自己的生活。"在伊兹拉岛生活过后,"他后来说,"你就很难在其他地方生活了,哪怕是再回到伊兹拉岛,也无法再现当时的感觉。"

自此他和玛丽安娜天各一方,开始了各自的新生活。因为她,他创作了一些最具代表性的歌曲,主要是描写别离的歌,如《再见,玛丽安娜》和《嘿,不能这样说再见》。科恩在谈到自己的音乐时说:"有些人喜欢歌唱相聚的时光,而我更喜欢倾诉告别的时光。"他享年82岁,于去世前3周发行了最后一张专辑——《黑暗情愫》(You Want It Darker)。

就连那些喜爱他作品的人,都深感这张专辑过于忧郁。发行这张专辑的唱片公司开玩笑说,谁买这张专辑就免费赠送一个剃须刀片。如果只用"忧郁"来形容他的词,那就太狭隘了。他的词中其实体现了黑暗与光明的并存，如他那首最著名的歌中所唱："冰冷破碎的哈利路亚。"他要表达的似乎是：面对无法摆脱的痛苦，与其蛮力挣扎，不如借力创造。

* * *

世界上是否存在某种神秘的力量，将人的创造力与悲伤、渴望联系在一起呢？长期以来，思考这个问题的人一直是业余观察者和研究创造力的人。研究数据（以及亚里士多德的直觉及其强调的忧郁对艺术的重要作用）表明，这个问题的答案是肯定的。美国心理学家马尔温·艾森施塔特（Marvin Eisenstadt）对573位独具创造性的领导人开展了一项著名的研究，结果表明，相当一部分创造力极高的人与科恩一样，都在童年时期有过父母离世的经历。研究显示：10岁时至少失去了双亲之一的人占25%，15岁的占34%，20岁的高达45%！

还有一些研究表明，即使父母已经到了耄耋之年，那些创造力强的人也极易伤感。1993年约翰斯·霍普金斯大学精神病学教授凯·雷德菲尔德·杰米森（Kay Redfield Jamison）做的一项研究表明，从事艺术类工作的人患上情绪障碍的可能性是其他人的8~10倍。2012年，作家克里斯托弗·扎拉（Christopher Zara）出版了一本关于艺术家心理的书——《备受折磨的艺术家们》（*Tortured Artists*），通过研究，作者发现从米开朗琪罗到麦当娜，书中介绍的48位创造力超群的人在生活中都经历过一定程度的痛苦和挫折。2017年，经济学家卡罗尔·扬·博罗维茨基

（Karol Jan Borowiecki）在《经济学与统计学评论》上发表了一篇文章，十分引人入胜，题目为《你好吗，亲爱的莫扎特？——基于书信对三位著名作曲家的幸福感和创造力的研究》。博罗维茨基利用语言分析软件对莫扎特、李斯特和贝多芬一生所写的1 400封书信进行了分析研究，包括这些书信表达积极情绪（出现"快乐"等词）或消极情绪（出现"悲伤"等词）的情况，以及这些情绪对他们当时创作音乐的数量和质量的影响。博罗维茨基发现，艺术家的消极情绪不仅与其创作存有相关性，更能激励他们创作。当然，不是所有负面情绪都能产生这样的影响。研究小调音乐的学者发现，悲伤是唯一一种能够通过音乐的形式令我们感到精神振奋的负面情绪（如第二章所述）。博罗维茨基发现，悲伤是"激发创造力的主要负面情绪"。

哥伦比亚商学院教授莫杜佩·阿基诺拉（Modupe Akinola）做了一项有趣的研究，她测量了一些学生血液中的DHEAS（一种通过抑制皮质醇等应激激素的影响帮助防止抑郁的激素）含量。然后，她让学生们对着一些观众讲述他们梦想中的工作。在研究对象不知情的情况下，她让观众对一些人的演讲报以微笑和点头，而对另一些人则予以皱眉和摇头。演讲结束后，她询问学生们的感受，不出预料，那些得到观众认可的学生比那些自以为被观众否定的学生心情好得多。接着，她又让学生们完成一幅拼贴艺术画，然后请专业艺术家就他们表现出的创造力进行评价。结果，得到观众消极反馈的学生创作出的拼贴画比那些获得积极反馈的学生的作品更具创造力。同时，那些获得观众负面反馈的学生的

DHEAS 水平较低，也就是说，那些在情绪上容易受伤害并遭到观众否认的学生创作的拼贴画更具创造力。

有些研究发现，悲伤有助于我们集中注意力：悲伤的情绪让我们更加专注，更加注重细节；还有助于我们提升记忆力，纠正认知偏见。例如，新南威尔士大学心理学教授约瑟夫·福尔加（Joseph Forgas）通过研究发现：人们在阴天要比在晴天更容易回忆起在商店里看到过的物品，心情不好的人（研究者要求他们回想悲伤的记忆）在成为车祸目击者时，其记忆往往比那些快乐的人更清晰。[1]

当然，这些发现还有许多其他可能的解释。或许悲伤的情绪就如福尔加的研究所暗示的那样，有助于我们集中注意力；又或许，情绪低落能够增强人们的勇气和毅力，一些人能够借此发挥创造力。一些研究表明，逆境中的我们更容易进入充满想象的内心世界。

然而不管理论怎么说，我们都不应该误将悲伤视为发挥创造力的唯一甚至是主要催化剂。毕竟，很多有创造力的人都是积极乐观的。也有研究表明，心情好的时候，我们更容易产生顿悟。我们也知道临床抑郁症是会扼杀创造力的——这种抑郁症就像一

---

[1] 此外，福尔加还发现，作为车祸目击者，悲伤的人不容易受到误导性问题（例如："你看到停车标志了吗？"但事实上，现场只有一个让行标志）的影响。他还表明，悲伤的人观看犯罪嫌疑人的录像带时更敏锐，能正确辨认谁是罪犯，谁是无辜者。他们不会受到光环效应的影响。受到这种效应影响的人，通常会认为长相好看的人一定善良而聪明。总的来说，福尔加发现悲伤会让我们的视角更客观。

种情绪黑洞，会吸走所有光。哥伦比亚大学精神病学教授菲利普·马斯金（Philip Muskin）在接受《大西洋月刊》的采访时说："有创造力的人如果抑郁就会失去创造力。"

其实，从苦乐参半的角度（即从黑暗和光明并存的角度）分析创造力可能会更有效。不是有了痛苦就能够创作艺术，而是有了创造力就能够正视痛苦，并将痛苦转化为力量。科恩的故事证明，将痛苦转化为美好的追求才是艺术的伟大催化剂之一。西尔维·西蒙斯评论道："从他写作、工作的方式可以看出，他……在黑暗中感到很舒适。不过最终，他的故事主要还是与寻找光明有关。"

事实上，如我在引言中所述，初步研究表明，在苦乐参半小测验中得分较高的人通常更加专注，还有研究表明，专注有助于激发创造力。华盛顿大学商学院教授克里斯蒂娜·丁·方（Christina Ting Fong）发现，同时拥有积极和消极情绪的人更善于联想，能够看出表面无关的几个概念之间的联系。在 2006 年的一项研究中，她向受试者展示了电影《岳父大人》中一个苦乐参半的场景：一位年轻女子对即将到来的婚礼充满喜悦之情，但同时也为将要离开父母而感到悲伤。观看这个场景的受试者在创造力测试中的成绩优于那些只看到快乐或悲伤场景，又或者看了没有太多情绪的场景的受试者。

有一个例子最能阐释为什么说创造力意味着将黑暗转化为光明，那就是贝多芬的《欢乐颂》，即他创作的著名的《第九交响曲》的最后一个合唱乐章。这部作品于 1824 年 5 月 7 日在维也纳的凯恩特内托剧院进行了首演。那个首演之夜的故事也是古典音乐史上最感人的故事之一。

这首《欢乐颂》主要歌颂自由和兄弟之间的情谊，以德国诗人弗里德里希·席勒的诗为词，贝多芬花了30年心血为之谱曲。贝多芬成长于从美国独立战争到法国大革命这一时期，坚定地秉持启蒙运动价值观。贝多芬认为《欢乐颂》是对爱和情感联结的终极表达，他觉得自己有责任将其内涵完美诠释，在创作了大约200个版本后，他才确定了一个自己比较满意的版本。

然而，那些年他的生活并不顺利。1795年他给弟弟写信时，信里还洋溢着幸福："我一切都好，勿念。因为艺术，我获得了朋友，赢得了尊重，此生还有何求？"然而，此后的时间里，他爱上的女人却不爱他；他给侄子卡尔当监护人，却关系紧张，致使卡尔试图自杀；此外，他还失去了听力。到了1801年，他给弟弟的信中就流露了他阴郁黯然的情绪："我必须承认我现在过得很悲惨。这两年来我没有参加过任何社交活动，因为我不知道该如何告诉人们我聋了。"

在那个首演之夜，舞台上的贝多芬站在指挥台旁，分不清方向，头发凌乱，背对着观众，对着乐队手舞足蹈地指挥着。他希望乐队能够按照他在脑海中想象的方式演奏这些乐曲。一位音乐家后来描述当时他指挥的情景："他站在指挥台前，疯子似的扑来扑去。时而双手向上伸得笔直，时而弯下腰蹲到地板上。他手脚并用，尽情挥舞着，就好像是他在演奏所有的乐器，是他在唱所有的合唱部分似的。"

演出结束时，大厅里一片寂静。然而贝多芬对此一无所知，因为他听不见。他背对着观众站立着，随着脑海中响起的音乐打着节拍。20岁的独唱演员卡罗琳·翁格尔（Caroline Unger）轻柔地扶他转过身面向观众，观众们肃然起敬，纷纷站了起来，敬畏的泪水顺着脸颊滚落。他们挥舞着手帕，举起帽子，用肢体语言（而不是声音）向这个将他们的渴望之情表现得淋漓尽致的人致敬。席勒的《欢乐颂》其实洋溢着欢乐、进取的精神，但观众听完《第九交响曲》后之所以会产生如此反应，是因为贝多芬在音乐中加入了悲伤的情绪。无论是谁，只要听到这些乐曲，都会在其高亢、欢乐的音符中感受到这种悲伤。

* * *

但这并不是说我们必须心怀悲伤，或者失聪，甚至用一个世纪的时间才能创作出如此崇高的音乐，也并不意味着我们必须成为伟大的艺术家，才能把自己的痛苦进行创造性转化。对于无法摆脱的痛苦，难道我们不能通过简单的方式将其转化吗？我们可以通过写作、表演、学习、烹饪、跳舞、作曲、即兴表演、开创新事业、装饰厨房等多种方式转化痛苦。我们有数百种选择，至于是否要做得好，是否一定要做得与众不同，其实并不重要。这就是艺术疗法如此有效的原因，就算我们的艺术作品未能挂在画廊上展览，又有何妨。

我们甚至不一定要亲自创作艺术。挪威科技大学学者康拉德·屈佩尔（Koenraad Cuypers）对5万多名挪威人进行的一项研究表明，无论是作为创作者还是体验者，通过音乐会、艺术博物馆或其他渠道让自己沉浸于艺术创作中，都有助于提高我们的健康指数和生活满意度，降低发生焦虑和抑郁的概率。伦敦大学神经生物学家泽米尔·泽基（Semir Zeki）博士做的一项研究发现，仅仅是欣赏美丽的艺术这一简单行为就能增强大脑"奖励中心"的活跃度。泽基说，那感觉就像坠入爱河一样。美国艺术家马克·罗思科（Mark Rothko）通过观察发现："在看我的画时会流泪的人，一定感受到了我在画画时产生的神圣体验。"

新冠肺炎疫情开始后，我养成了一种习惯——每天早晨一起来就在推特上刷负面新闻，沉浸在网络毒素中。我形成了一种与罗思科描述的情况完全相反的心态。为了改变这种成瘾倾向，我开始关注一些艺术账号：一开始只关注了几个，后来变成十几个，之后我看到的信息几乎都与艺术有关，我的精神也因此得到了放松。此后，每天早上我都会在自己的社交媒体上分享一幅我喜欢的艺术作品。这种习惯已经成为一种日常，让我受益匪浅：我会因此静心冥想，恢复心境，与人交流。艺术不分国界，分享你对艺术的喜爱必将吸引许多志同道合的人，你的交际圈也会随之不断扩大。

因此，让我们来完善一下我们的原则：面对无法摆脱的痛苦，与其蛮力挣扎，不如将其转化成创造力，或者借他人之力帮你转化。如果你发现有人吸引了你，问问自己是他的哪些方面吸引了你。他是否代表你表达了你想要表达的思想？他又会将你引向哪里？

***

对我而言，莱昂纳德·科恩就是那个吸引我的人。几十年前，我第一次听到他的音乐时，就对他和他的音乐爱得不能自拔。他似乎是最懂我的那个人，能够把我对爱情和生活的所有感受融入小调音乐中，带着我在精神世界中畅游。他的歌曲中蕴含了我一生都想触及的精髓，虽然我也说不清这精髓究竟是什么。

2017年，莱昂纳德的儿子、音乐家亚当·科恩计划于11月6日（也就是莱昂纳德去世一周年的日子）为父亲举办一场纪念音乐会，届时将邀请著名音乐家演绎科恩的歌曲。得知这一消息后，我们全家都从纽约飞到了蒙特利尔。我丈夫鼓励我去，甚至把此行作为全家人的度假活动。

当我们带着孩子们登机时，我突然有一种奇怪的疏离、超然之感，还感觉有些荒唐。为了参加这次音乐会，我不得不重新安排一个重要会议的时间，拖着一家老小在周一早上坐飞机赶往另一个国家，这一切都只为听一场音乐会，这听起来有些奢侈和任性。当晚，我到达巨大的贝尔中心时，这种感觉依然存在。莱昂纳德·科恩音乐会的门票已经售罄，17 000名粉丝聚集在这里。音乐会开始后，这种感觉愈加强烈。我最爱的人是科恩，可为什么来的是其他音乐家？我感到无聊、沮丧，开始做我一直在做的事情：把感受写下来。我在手机上键入："他真的走了。他们都不是莱昂纳德，也不应该代替莱昂纳德在这里演奏。我宁愿回家，静静地欣赏他本人演唱的歌曲。就像他还活着一样。"

这时，一位名叫达明·莱斯（Damien Rice）的音乐家登上舞台，演唱了那首著名的《蓝雨衣》，这可能是科恩所有歌曲中

苦乐参半
+088

最忧郁的一首。这首歌曲讲述了一个三角爱情故事：主人公的妻子简和他最好的朋友出轨了，之后，他们的关系永远改变了——简不再是"任何人的妻子"，主人公称他的朋友为"我的兄弟，置我于死地的杀手"。这首歌以一封信的形式呈现，关键信息是，写信的日期——12月末一天的凌晨4点，正是黎明即将来临，冬意正浓之时。

莱斯的表演引人入胜。不过，他在歌曲的最后加入了自己的一声悲叹，一声直率而又壮丽的哀号，观众不由自主地全部起身。莱斯的这声哀号表达出了一种难以名状的悲伤，让这个巨大而冰冷的竞技场（第二天晚上这里举行了一场冰球比赛）弥漫着爱和渴望的气息；这声哀号提醒我们，虽然我们此时身处冰球馆，但我们内心想去的是那个美丽的伊甸园。我又有了那种感觉：过去那种敞开心扉的感觉，多年前我在法学院宿舍里听音乐时的感觉，一直以来一听到悲伤的音乐我就会有的感觉，苏非派描述的充满渴望的狂喜感。不过这一次，这种感觉更深刻。达明·莱斯演唱那些独特音符的时刻，也是我这一生中感触最深的时刻。我感到一种惊心动魄的美把我与达明、莱昂纳德和在场的所有人联结在了一起。

我坐飞机来蒙特利尔时还觉得无聊和淡漠，待坐飞机回家时，我却感觉自己好像被施了魔咒一般。这是一种奇怪又愉悦的感觉，就像你知道自己有了一个小侄子或小侄女时的喜悦，或者领养一只小狗时的喜悦。只是这次与侄子侄女无关，这一次的感受中夹杂着些许悲伤。犹太教中，如果一个人的父亲或母亲去世，哀悼期会持续一年之久，这就是科恩的儿子在父亲去世一年后举办这场音乐会的原因。然而我的悲伤是随着达明·莱斯演唱《蓝雨衣》萌生的。让我吃惊的是，几周后，我只要一谈到科恩就禁不住想流泪。我在蒙特利尔艺术博物馆参观他的作品展，向收银员付钱时，禁不住想要流泪；当我给保姆说起这几天我们去参加科恩纪念演唱会的情景时，也禁不住想流泪。我非常感激丈夫说服我参加这次活动，要是我当时选择留在家里，必将错过生命中这次非凡的经历。

究竟发生了什么？我开始问自己刚才问过你们的那个问题。莱昂纳德·科恩代表我表达了什么情感？他的音乐把我（以及涌向贝尔中心向他致敬的17 000名歌迷）引向了哪里？

在此之前，我对他的了解仅限于他的歌曲，但现在我对他的个人故事有了更多了解。他出生于蒙特利尔一个颇有声望的犹太家庭，虽然他曾在洛杉矶郊外鲍尔迪山上的禅宗寺庙修行了5年，还做过一阵子山达基教徒，之后还曾不断探索将基督教图像志融入歌词的途径，但是在他的一生中，他从未脱离犹太教的影响。虽然他从未将自己视为宗教信徒，但他告诉拉比，他所写的一切都是关于礼拜仪式的。我发现他受到了卡巴拉思想的巨大影响。卡巴拉是犹太教的一套神秘主义学说，认为世间万物原本都在一个充满圣光的圣杯之中。不幸的是，圣杯碎了，神圣的碎片四处散落，落到了充斥着痛苦和丑陋的世界之中，我们的任务就是把圣杯的碎片收集起来。这套学说让我产生了醍醐灌顶的感觉。

亚当·科恩在接受音乐制作人里克·鲁宾的采访时说："他（莱昂纳德）整个人生的主题就是一切都是破碎的——《哈利路亚》是破碎的，一切都有裂缝，人生就是由失败、不完美和破碎等组成的。但是，他并没有一味哀怨悲叹，而是以一种你想象不到的方式书写，将自己的胸怀、妄念、独创性用旋律表现出来。就像香烟中的尼古丁一样，抽烟是一个输送尼古丁的系统，而他带给你的是一个能引导你走向超越的系统。这也是他创作作品的初衷。"

以前我虽然喜欢科恩的音乐，但并不了解他的思想。现在我体会到了，我知道了破碎将如何通向超越。

***

后来，我向约翰斯·霍普金斯大学迷幻药物与意识研究中心的教授戴维·亚登描述了我在这场纪念音乐会中的感受。亚登虽然在这个领域刚刚崭露头角，但已经有极高知名度了。他继承了伟大心理学家威廉·詹姆斯（著有《宗教经验种种》一书）的理论，致力于"自我超越体验"的研究。

亚登认为超越体验受到短时精神状态的影响，如突如其来的联结感和迷失感。自我超越体验也存在一系列强度——从感恩、心流和正念到高峰体验或神秘体验。他还认为超越体验是人生中最重要，也是最能激发创造力的体验之一。让他惊讶的是，我们对其背后的心理机制和神经活动过程的了解竟然如此欠缺。

大多数研究都始于一个亟待解决的问题（如对自我的研究），亚登想要探索的是自己在生活中遇到的奇妙事件，只不过这些事不是发生在音乐厅里，而是在他大学的宿舍里。上大学之前，他一直和父母生活在一起，上大学后一切只能靠自己，他根本不知道如何生活。一天晚上，他早早上床，双手枕在脑后，两眼盯着天花板，脑海里闪现出了"随它去吧"这句话。他突然感到胸口一热，一开始的感觉就像胃灼热，但很快这种灼热感就蔓延到了全身。这时心里有个声音对他说："这就是爱的感觉。"

他对周围一切事物的看法似乎都发生了360度大转变，好似周遭的一切都以某种微妙的方式绵延至永恒，而他自己也是这永恒的一部分，只是这种感觉只可意会，难以言传。他胸中的暖意持续上升，让他感到愉悦，虽然可能只持续了几分钟，但是感觉却像持续了几个小时甚至几天。他睁开了眼睛，完全沉浸在浓浓的爱中。他笑了，笑着笑着又哭了起来。他想给家人和朋友打电话，告诉他们他有多么爱他们。他感觉一切都焕然一新，未来向他敞开了大门。

然而，最重要的是，他说："我一直没弄明白我那天究竟怎么了。自那以后，这个问题就一直困扰着我。"

于是，为了解答这个问题，亚登把整个大学时光以及毕生精力全部用于研究心理学、神经科学和精神药理学。他阅读了大量哲学、宗教、心理学方面的书籍，还报名体验各种仪式，从静坐禅修到美国海军陆战队军官候补生学校训练（能从新兵训练营毕业的候选人为数不多，他是其中之一）。他曾写了一篇关于过渡仪式[①]的毕业论文，认为人生中的这些过渡以及生活中的无

[①] 过渡仪式（rites of passage）由法国人类学家、民俗学家范·热纳首次提出。很多过渡仪式是人一生中的生物学转折点，如出生、成年、怀孕、死亡，以及季节转换等地位变化的事件；另外一些庆祝活动则是文化性地位变化的过渡仪式，如某人加入某一团体。——译者注

常,正是困扰他多年的那个问题的核心。职业生涯初期,他与著名心理学家乔纳森·海特合作,共同探索他经历过的那种精神状态。

最初几代弗洛伊德学派心理学家把"海洋感觉"看作神经症的一种征兆。"海洋感觉"与亚登提出的超越体验,或者法国哲学家罗曼·罗兰向弗洛伊德描述的"一种永恒的感觉"或"与整个外部世界合一"的感觉有异曲同工之处。但海特和亚登的观点与此截然相反,他们认为:人们之所以会产生这样的体验,是因为他们的自尊心、亲社会行为能力和人生意义感更强,抑郁的情况更少,生活满意度和幸福感更高,对死亡的恐惧小,整体心理状况更健康。他们总结道,这些是"生命中最积极、最有意义的时刻",也是一个世纪前威廉·詹姆斯的假设,是"我们至深的宁静"之源。

所以,亚登听完我那晚在贝尔中心的体验后产生了很多想法。他说,首先,参加音乐会的人都希望获得这样的体验。无论是否信仰宗教,我们都在追求这种状态,人人都想到达那个完美而美好的世界。亚登说,还有一些类似的特质,从经验开放性(对新思想和审美体验的高度接受)到专注度(高度参与心理意象和想象体验的能力),都会让人们喜欢上悲伤的音乐,同时也可以预测一个人是否具有创造性,是否可能达到自我超越的状态。

亚登说,我正是在苦乐参半和生活无常之时产生了海洋感觉,这绝非偶然。这种感受常常产生在参加一场为心爱之人举办的纪念音乐会之时,听到一首关于爱情终结的歌曲之时,或在黎明前听到一支描述冬至的歌曲之时。

亚登发现,正是在职业变动、婚姻变故和面临死亡之类的时期,我们更有可能体验到生命的意义、人与人之间的联结和自我超越感。人们不仅在面对亲人将逝之时会产生这些体验,而且在面对自己的死亡时也会产生这样的体验。亚登说,许多人"在生命的尽头都能体验到一生中最重要的时刻"。

亚登和同事曾在进行心理调查时,要求人们回忆自己感受到的强烈精神体验并将其写下来,然后回答相关问题。研究人员据此将他们的体验分成了不同类型:是否起到了促进人与人之间情感联结的作用?是否出现了更高的存在?是否涉及一种声音或是一种幻象?是否实现了身与心的同步?是否产生敬畏之心?分类后,研究人员又问他们触发这些体验的因素是什么。根据被试的描述,研究人员列出了一份很长的清单,结果发现有两种触发因素反复出现:"处于生命中的过渡时期"和"与死亡近距离接触时"。换句话说,即对时间流逝的强烈意识——这也是苦乐参半的标志。

亚登的研究说明"悲伤的"音乐(如莱昂纳德·科恩的音乐)表达的根本不是真正的悲伤,而是虽源于忧伤,却指向超越。

这项研究与加利福尼亚大学戴维斯分校著名心理学教授迪恩·基思·西蒙顿(Dean Keith Simonton)所做的关于创造力的研究遥相呼应。西蒙顿教授发现,艺术家的创造力在中年以后基本朝着精神方向发展,因为此时他们正好站在生与死的交叉点。西蒙顿研究了 81 部莎士比亚戏剧和雅典戏剧后得出结论:随着剧作家年龄的增长,他们所写的戏剧,主题更倾向于宗教化、精神化和神秘化。他还研究了古典作曲家的作品，发现音乐理论家一致认为他们后期的作品"更加深刻"。

20世纪中期伟大的人本主义心理学家亚伯拉罕·马斯洛认为自己本人亲历了上述情况——他发现在知道自己将要死于心脏病时，他的高峰体验[①]更频繁、更强烈。2017年，一组研究人员在北卡罗来纳大学心理学家阿米莉娅·格兰逊的带领下进行了一项研究：他们让受试者想象死亡的感觉，受试者基本都提到了悲伤、恐惧和焦虑等感觉；而研究人员通过对临终病人和死囚的研究发现，只有真正面临死亡的人才更可能谈到生命的意义、人与人之间的情感联结，以及对爱的诠释。研究人员得出结论："与死神相会可能并没有想象中的那么可怕。"

这些明显让人感到痛苦的无常时刻，比如死亡本身，应该能让人产生变革性转变。但亚登认为，我们仍然不了解产生这些体验的"科学"原因，即无法从心理机制和神经生物学角度进行解释。数百年来，无数文化都把生命中的各种转变视为通往精神觉醒和创造性觉醒的大门，亚登的研究无疑与这些文化传统不谋而合。埃丝特尔·弗兰克尔（Estelle Frankel）在其著作《神圣疗法》中谈到，这就是为什么许多社会都会以宗教的形式庆祝成年（首次圣餐、受诫礼等），也是为什么这么多的仪式都体现了童年

[①] 高峰体验是人本主义心理学家马斯洛在他的需求层次理论中创造的一个术语，指在追求自我实现的过程中，人们的基本需要获得满足后，达到自我实现时所感受到的短暂的、豁达的、极乐的体验，是一种趋近顶峰、超越时空、超越自我的满足与完美体验。——译者注

自我的消逝和成年自我的诞生。在一些文化中，成年礼上孩子会被埋到地下（暂时的!）然后挖出，自此孩子即被视为成年；有时，会通过文身、割礼或完成其他壮举，以示童年的结束及崭新成年自我的显现。有时，成人礼会在特定地点举行，如小屋中或水域旁，基督教堂里或犹太会堂中。这些仪式的重点是体现 X 必须让位于 Y，这是一个升华的过程，既有牺牲又有重生（终极创造力）。基督教的基本发展过程也是这样的——耶稣诞生，被钉在十字架上牺牲自己，再到复活。[牺牲（sacrifice）一词来自拉丁语 sacer-ficere，是"使神圣"之意。]

这也是为什么传统上人们会通过宗教仪式标记季节之间的过渡（如春分、秋分和夏至、冬至）：如标记春分的逾越节和复活节，标记冬至的异教徒圣诞节和基督教圣诞节，还有标记秋分的中国中秋节和日本独特的佛教仪式"彼岸会"。犹太教甚至把白天到夜晚的过渡也视为神圣的过渡，神圣的一天即从日落开始一直持续到黎明，意欲表达黑暗的开始并不是我们想象中的悲剧，而是光明的前奏。

在现代西方国家，我们通常采用线性叙事思维，认为一切都是有限的：开始必然会走向结束，而结束则是一切悲伤的原因。你会如何描述自己的人生故事呢？以出生开始，以死亡结束；以快乐开始，以悲伤结束。你会用 C 大调高唱"生日快乐"，用 C 小调谱写葬礼进行曲。不过，这些有关苦乐参半的传统以及亚登近年的研究发现向我们展现了一种不同的思维方式，即我们期望能在生活中体验一个又一个转变。有时这些转变是快乐的

（比如孩子的出生），有时是苦乐参半的（孩子能沿着走廊走路了），有时这些转变犹如灾难一般让你的生活四分五裂（比如那些最让你害怕的事情）。其实，结束也是一种开始，就像一切开始最终都会结束一样。祖先的生命结束了，而你的生命刚开始；你的人生故事即将结束，而你孩子的人生故事又将成为舞台的焦点。在你的一生中，你总会面临这样那样的结束——失业、失恋，但是当你准备好后，新的职业、新的恋情就会取而代之。当然，新的故事有可能会但也有可能不会比之前的情况更好。在这个过程中，我们不仅要挥手告别过去，而且还要将人生无常带来的痛苦转化为创造力，以及自我超越。

莱昂纳德·科恩当然明白这个道理，玛丽安娜·伊伦也不例外。他们分手后没有再见面，直到他们将要经历人生中的下一个重要转折。2016 年 7 月，在科恩死于白血病前的 4 个月，玛丽安娜的一个朋友告诉他，她也患上了同一种病。于是，科恩给玛丽安娜写了一封告别信。

信上说："我最亲爱的玛丽安娜，此时的我就在你的身后，紧紧握着你的手。我的这副皮囊如你的一样，已经老去，随时都有可能消逝。然而，你的爱、你的美从未从我的记忆中消逝。这些你都懂，我无须多言。老朋友，祝旅途愉快。我们到另一个世界再相会。爱你的莱昂纳德。"

玛丽安娜的朋友把莱昂纳德的信大声读给她听。他说他看见她露出了笑容，还伸出了手。

※ ※ ※

2019年7月,在莱昂纳德·科恩纪念音乐会过去两年后,我又去了苏格兰爱丁堡国际会议中心的音乐厅。只不过这一次,站在舞台上(也是我感觉最不舒服的地方)的那个人是我。我在这里做了一个关于渴望、苦乐参半和超越的TED演讲。好在,站在舞台上的不只我一个。我的好朋友、小提琴家金敏(Min Kym)和我一起站在聚光灯下。她对我演讲的主题深有体会,因为她的一生就是一个把痛苦转化为创造力的过程。

金敏6岁开始学习小提琴,悟性高、进步快,仅用了几周就学会了别人多年才能学会的各个音阶和奏鸣曲。7岁时,她就被伦敦著名的普赛尔少年音乐家学校录取,成为学校年龄最小的一名学生;8岁时,有人告诉她,一年之内她的水平就会超过她的老师;13岁时,她在柏林交响乐团首演;16岁时,美国杰出的小提琴家鲁杰罗·里奇称赞她是他教过的最有天赋的小提琴手。后来,他免费为她进行指导,说他们是互相学习,因此不应该收取报酬。

然而,与许多神童一样,金敏的天赋与各种约束分不开:她虽然集万千宠爱于一身、受人尊敬,却像生活在一个镀金的笼子里,每天都要面对要求苛刻甚至专横的老师,严格按照时间表练琴,还要承受全世界对她的期望所带来的巨大压力。金敏的家人在战争中经受了巨大苦难,但是为了小女儿能在伦敦接受音乐教育,全家人背弃了数百年的传统离开韩国。她对她的家庭也肩负着沉重的责任。

金敏的天赋似乎有一种魔力。上天对她的眷顾似乎还不止这些——21岁时，她收获了一份与当时她的身份同样耀眼的礼物——一把300年前的斯特拉迪瓦里小提琴。一个小提琴商向她展示了这把小提琴，标价45万英镑。瞬间，她就感觉这把小提琴是她的灵魂伴侣，是她的"真命天子"。她毫不犹豫地把自己的公寓重新抵押出去，买下了这把琴。

一夜之间，她的斯特拉（她给这把琴起的名字）成就了她的一切：助她兑现了自己的承诺，为她开启了艺术之门。她把小提琴视为爱人、孩子，也从中找到了自我。这是我们所有人毕生追求的完美，是我们渴望的神圣，是我们期待已久的那双合脚的水晶鞋。

金敏在第一次见到这把琴后写道：

> 我拉开琴弓，吸了一口气，那一刹那，我感觉我就是灰姑娘，一伸脚就穿上了水晶鞋。这把小提琴与我完美契合，它如此纤细，如此自然。我仿佛能感受到300年前的情景：意大利提琴制作师斯特拉迪瓦里精选了一段木头，专门为我制作了这把小提琴。我的斯特拉一生都在等我，就像我一直都在等它一样。我们之间一见钟情，是真爱，是一切，我们是彼此的荣幸，我们忠于彼此、信任彼此，是彼此的一切。
>
> 我突然意识到，我过去的生活……我全部的生活都是在排练中度过的，生活中只有导师、挫折、孤独和辛酸。这一切导致我现在生活得极为痛苦，直到我遇到这把小提琴。

我们可以携手从头开始……

我们之间至死不渝，我们是天造地设的一对。我注定要这样活下去。

小提琴精致而脆弱，需要不断维护和保养，需要根据演奏者的习惯不断调整，尤其是金敏的斯特拉，它数百年来已饱经风霜。仅是调整小提琴的音栓、音桥和琴弦，她就花了数年的时间；为了找到合适的琴弓，她花了3年的时间四处取样。为了把斯特拉打造得更加完美，她倾注了自己所有的积蓄，宁愿住在鸽子笼大小的公寓，不开豪车，不买昂贵的衣服。她坚信她做出的所有牺牲最终都能让她收获幸福。

从心理动力学的角度来看，我们可以把金敏对小提琴的痴迷理解为年轻女性心灵的产物，她的心灵因家族历史上经历的战争和贫困，以及她对专横的小提琴教师的屈服而变得脆弱。金敏并没有否定这种解释，但她说，这并不是全部。让我们先了解一下那把斯特拉迪瓦里小提琴非凡的历史背景，这样你就可以理解接下来发生的事情的严重性了。

那些痴迷于小提琴的人都将斯特拉迪瓦里小提琴视为人类创造力和神圣之爱的象征，正如金敏所说："这是唯一一种能让人的灵魂通往天堂的乐器。"（她又补充了一句："千万不要告诉大提琴手这是我说的。"）它是那么纤细，那么赏心悦目，木制琴身熠熠发光，小提琴本身就是一个神话。世界上最受推崇的小提琴都是在3个世纪前由3位意大利提琴制作师制作的，他们是斯特拉迪瓦里、阿马蒂和瓜尔内里。尤其是斯特拉迪瓦里小提琴,据说是用被称为"音乐森林"的多洛米蒂山的木材制成的。相传,斯特拉迪瓦里每到满月时就会来这里,将头轻轻靠在树干上,聆听并寻找他期待的珍贵如梦幻般的声音。自他以后,虽然无数制琴师都试着研究他制作小提琴的方法,但是至今无人能解。

如今这些小提琴均价值数百万美元,大亨和寡头们把琴买下来放在家中的玻璃柜中,静静地供人瞻仰。此外,小提琴黑市交易猖獗,无数被盗来的名贵小提琴几易其主,记录着主人们的漫漫心碎史。如果在网上搜索"被偷的小提琴"这几个字,至少会弹出几十页相关信息:"我从14岁起就与这把小提琴为伴,被偷后我感到悲痛欲绝。""琴被偷后,我遭受着痛苦的折磨,无比心痛……我的生活每况愈下。""我最爱的小提琴被偷了!"

这一切都发生在了金敏的身上。尽管她全天候守护着她的斯特拉,从未让琴离开她的视线,但是有一天,在伦敦市中心尤斯顿火车站的一家咖啡馆里,只是眨眼间的工夫,她的斯特拉就被偷走了。琴被卖到黑市,与其他无价之宝混在一起。

这起盗窃案轰动了全世界,最后苏格兰场接手了这个案子。经过3年漫长的侦查工作,警方最终找到了这把小提琴,这期间它已在几个犯罪集团间流转。在小提琴被找到之前,金敏已经用保险金购买了一把便宜的琴,她的那把斯特拉迪瓦里被高价拍卖。现在这把琴的身价已经高达数百万美元,她已经买不起了。这把琴最终由一名投资人购买,放在家中。

她的情绪因此一落千丈,完全停止了演奏。小提琴被盗时,她正准备发行一张重要的专辑，并开启一场全球巡回音乐会。这些本来是为了记录她成为世界上最有天赋的小提琴家之一而筹备的。然而，琴被偷后，她整天躺在床上，万念俱灰，这种状态一直持续了多年。有关金敏的新闻永远停留在了那条关于她的琴被盗的消息上。

"面对无法摆脱的痛苦，与其蛮力挣扎，不如借力创造。"她的一生都遵循着这句格言。她的目标本应是在披荆斩棘之后进入音乐大师的殿堂里，然而此时的她却因为失去小提琴而失去了自我，改写了过去的故事，但也开始了一个新故事。过去，她对斯特拉的爱是真实的，但其他事也是真实的，比如：她秉持的不健康的完美主义；她一直无法过上正常的人生；还有她除了音乐天赋，其实一无所有的现实。她意识到自己其实还可以有其他创造力，她决定改写自己的故事。

起初，她以为她会在自己的著作《逝去》（Gone）中大书特书她心爱的斯特拉被偷的故事。虽然书中的确写了这部分内容，但她还写了她的家庭在战争期间的种种挣扎，她在艺术生活中的一味服从，她深陷抑郁症的经过，以及她如何走出阴霾重新开始生活的故事。这些使得她的这部著作蕴含着超越之美。

金敏和我从未谋面，但巧的是我们的书稿编辑是同一个人。她的书出版前几个月，编辑把她的稿件寄给了我。稿件是以普通的电子邮件附件形式发送给我的，没有花哨的封面，也没有对名人那令人窒息的宣传，只有一个文本文档。收到邮件时我正在外地出差，具体在哪里我已经记不清了，只记得我在酒店房间里被书稿中如音乐般抒情的文字深深迷住，竟然忘了时间，一夜没睡。读完书稿后，其中的故事依然余韵悠长，让我回味不尽，我甚至产生了一种幻想：金敏的书一定会成为一本超级畅销书，或许全世界的读者都会联合起来，把她的小提琴从现在的拥有者手中买回来。我要是有那么多钱，一定立即开一张支票寄给她。

不久后，我要去伦敦参加新书巡回签售会。借此机会，我和金敏相约在艾薇肯辛顿酒馆共进晚餐。她本人与书中描述的那个陷入悲痛之中的人物判若两人。她开朗而健谈，说话时闪亮的黑发随之舞动，我们俩相谈甚欢。那天晚上，我们是最晚离开餐厅的人。我把我的幻想告诉了她，本以为她会欣然接受这个建议，结果她没有。她的一番话反而让我感到震惊——她竟然说她不应该再把斯特拉买回来。

金敏说，这把小提琴已经不是以前的那把琴了，她也不是以前的那个她了。遇到斯特拉迪瓦里时，她还是那个听话顺从的神童金敏，对那把几百年来饱经风霜的小提琴如此依恋，其实反映出了她心中的不安全感。现在她已经蜕变成一个拥有全新创造力的金敏，懂得了"失去也是一种获得"的意义。

她说："我会永远爱着我的斯特拉。知道它在哪里，知道它依然安全，对我而言就足够了。小提琴有属于自己的经历，我也有属于我的人生经历。"

之后，金敏谈过几次恋爱——都是彼此相爱的双向的爱情。她筹备了几个创作项目，准备出一张专辑，与其他作曲家和艺术家进行合作创作等。失去了那把琴之后，过了多年，她定做了一把小提琴，复制了她以前的老师鲁杰罗·里奇所拥有的瓜尔内里小提琴。

"小提琴被偷的那一刻，"金敏说，"我内心深处的一部分也随之死去了。我一直认为死去的这部分会重生，结果没有。我必须接受我的过去——过去的我只知与琴为伴，然而过去那个与小提琴相依为命的我已经不在了，这一点我花了很长时间才最终接受。"

"不过我现在已经得到了重生。上帝给你关上一扇门时，一定会为你打开另一扇窗——那些关于重生的陈词滥调都应验了。现在的我已经为新的自我腾出了足够的空间。要是以前，我是不会做出这样的选择的，那时的我一定会快乐地将我的余生与小提琴融为一体。但是从失去的悲伤之中恢复后——内心得到治愈，灵魂变得平静——你就会萌生新的希望，我现在就处于这种状态。我以后可能再也不会做小提琴演奏家了，但我会接受这一现实，去创造新的艺术形式。"

有一天，我和金敏在克雷莫纳相遇。克雷莫纳是斯特拉迪瓦里曾经生活和工作过的城市，至今仍是世界各地小提琴爱好者的灵魂归处。我们听着语音导览参观了位于马可尼广场的小提琴博物馆，最后在一间昏暗的房间驻足。房间里摆着几组玻璃柜，里面陈列着世界上的顶级小提琴。这些琴既珍贵又华丽，但金敏看上去却很沮丧。她用手掩着嘴低声说："这些小提琴就像被关在酷刑室一样，我感觉它们就像被堵住了嘴，只得沉默。"

我们匆匆走出博物馆，来到广场，广场上阳光明媚，照得眼睛都有点睁不开。克雷莫纳塔楼的钟声响起，行人骑着自行车在

苦乐参半
+104

广场上穿梭。"刚才看到那些小提琴时,"金敏说,"感觉像跑了一场马拉松一样,胸口有气却喘不上来。"

不快的那一刻过去了,金敏的脸上又浮现出了笑容。那天,我不止一次感叹,和金敏的旅行是多么愉快,她是如此放松,如此和善,完全看不出《逝去》一书中描写的痛彻心扉。你要是见到她,也一定看不出她曾那样痛苦。就连我都需要时刻提醒自己,她经历的痛并没有消失。你会发现,其实世界上有无数像金敏这样破茧成蝶的人。

* * *

那天晚上,在 TED 的舞台上,我讲述萨拉热窝大提琴手的故事(也就是本书开头的那个故事)时,金敏演奏了阿尔比诺尼的《G 小调柔板》。那天晚上,她演奏的是一把从朋友那里借来的爱丁堡公爵斯特拉迪瓦里,朋友为她这次表演精心挑选了这把琴。她和我一起站在舞台上,演奏的《G 小调柔板》感人至深,我都能感觉到观众全都屏住了呼吸。也许她不再是演奏家了,也许永远都不会是了,但她更伟大了。你能从她的音乐中感受到她的悲伤、她的爱,也能从中感受到你自己的存在。你能感受到她的痛苦、她的转变。当观众一起聆听时,你能感受到每一位观众都超越了自己的特殊性。悲伤的音乐不是为了让人心碎,而是为了帮助人们敞开心扉。[①]

[①] 本书中的许多内容,包括这句结束语,灵感均来自鲁米的诗歌。

第四章

失去所爱，我们该怎么办？

---------- * ----------

爱人走了，但爱还在。

——迪伦·托马斯

我至今仍然记得4岁那年,第一天上幼儿园放学时的情景。我坐在一张豆荚形桌子旁,桌子上涂着鲜艳的颜色——有金黄明亮的太阳、青青的绿草地,中间是一片蔚蓝的天空。我抬头看见我的妈妈正和其他小朋友的妈妈一起站在教室后面,等着接我回家。她微笑着,万般慈爱,无比耐心,让我备感温暖。我仿佛看见,她那红色的卷发上闪烁着一道光环。我仿佛看见,她变身为一位天使,来学校接我回到我们的伊甸园之家。

整个童年时期,妈妈的爱始终伴随着我:我一放学,她就为我端上一碗巧克力冰激凌,和我一起聊我的社交生活,温柔地给我讲笑话,在我遇到不开心的事时,轻轻为我拭干眼泪。我的兄弟姐妹比我大得多;父亲是医学院的教授,工作比较忙。我非常爱我的家人,但母亲是我的一切。世界上还有比我的妈妈更善良、更慈爱的母亲吗?我觉得不可能。所有朋友都说我有这样一位伟大的母亲真是太幸运了。每个周五的晚上,妈妈都会为我们做香喷喷的鸡汤、美味的炖肉,点上浪漫的蜡烛。她平时很少大声说话，只有在鼓励我好好读书、认真写字的时候才会提高声音。

从 3 岁起，她就教我读书写字。很快我就把一张方桌下的空间当成了我的"工作室"。我蜷缩在桌子下面，把格子纸装订成本子，在上面写剧本、故事和文章。那时的我们都不知道，写作竟然会是导致我们渐行渐远的罪魁祸首。那时候我也不知道妈妈的内心有多么复杂。

妈妈是家里的独生女。在她小时候，她的母亲一直病得很重，卧病在床多年，总是背对着所有人。就这样，日复一日，年复一年，每天她只能看见自己母亲的背影。如果是你，你会怎么样？我的妈妈一直以为是自己做了什么可怕的事，才导致母亲病得如此严重。也正因如此，我的妈妈渴望得到母亲的关注，然而这种渴望却永远不可能实现，她的内心因此受尽折磨。

我妈妈的父亲是一位拉比——慈祥、睿智、友善，他深爱着女儿，却深陷痛苦之中。1927 年，17 岁的他独自从东欧来到布鲁克林结婚。10 年后，也就是我妈妈才 5 岁的时候，他就让她坐在收音机旁听希特勒讲话。"听着，Mamele（意为小妈妈，意第绪语中一种亲切的表达）。"我的外祖父对她说，狭窄昏暗的厨房里回响着收音机里传来的独裁者急促、刺耳的声音，"这是一个非常坏的人，我们一定要小心。"很快，这个坏人就杀死了外祖父在欧洲的母亲、父亲、妹妹、姑姑、叔叔和堂兄弟姐妹，以及他认识和爱的每一个人。在外人面前，我的外祖父充满活力，为教区的会众贡献自己的力量；而在家里，在那个一居室的公寓里，他总是连声叹息。

妈妈身边发生的悲剧逐渐成了她生命中的一部分，后来，几乎成了她的全部。恐惧心理以及无价值感吞噬了她。但是自从有了我以后，她总是在设法抑制这些情绪。现在回想起来，其实有很多迹象都预示着即将发生的事情：在超市里，只要我离开她几步，她就会恐慌；从小她就禁止我做许多孩子常做的事——爬树啊，骑马啊，因为她认为这些事都太危险了；她总是对我说，她是多么深爱我，如果有可能，恨不得把我捧在手里，含在嘴里。这是她对爱的表达，但我却把她对我的爱理解为对我的束缚。

在我小的时候，我们俩就在宗教信仰方面站在了对立面。妈妈期望把我培养成一个正统派犹太人——安息日不能开车、看电视或打电话；不能吃麦当劳、意大利香肠比萨。但是我从来没有践行这些戒律。我还记得，每个周六早上，我都会把电视调成静音，偷偷看史努比，还会在学校组织的滑雪旅行中吃熏肉。我之所以会在宗教信仰方面如此叛逆，一定程度上是因为我的家庭对我的信仰存在多种影响：一方面，我亲爱的外祖父是一位拉比，我的母亲是一位忠诚的犹太教信徒；而另一方面，我的父亲是一位无神论者，显然科学和文学就是他的神。而我天生就是一个怀疑论者。直到今天，如果你说"X"，我一定会不由自主地想："那Y呢？"作为一个成年人，这种思维方式是有益的（尽管有时会让我的丈夫发疯）。作为一个女孩，我不明白为什么我们一定要以神的名义食用洁食，更何况我还怀疑这个神是否真实存在。

不过，我和妈妈之间真正开始发生冲突是在我上高中的时候，她要求我把那些对小孩子的限制作为贞洁准则严格遵守：不能穿任何具有暗示性的衣服；在没有人监督的情况下，禁止和男生在一起；就连我剪头发她都要盯着，如果理发师把发型设计得具有挑逗性，她定会责骂他。理论上，这些条条框框都是因为宗教和民族文化的制约形成的，但其真正的功能是充当一只锚，保证我这条船能够停靠在母亲的港口处。如果我遵循这些准则，我这条船就可以平静地停靠在她轻柔的波浪中。但是如果我偏离这些准则，她的愤怒就会如暴风雨一般把我们俩击成碎片。

按照20世纪80年代美国人的标准，我属于彬彬有礼、责任心强，但是过于刻板的那一类人。但我总是会不自觉地违反她制定的准则——穿不合时宜的衣服，结交不良的朋友，参加不该参加的聚会，然后等待我的就会是妈妈惊恐万分、怒火冲天的指责。在愤怒的浪潮、眼泪的洪流之后，就是一连几天，甚至几周的沉寂。在这些没完没了的沉默中，好像所有的爱都从我的灵魂中溜走了。我的胃里有一种翻江倒海的感觉，吃不下任何东西。我的体重不断下降，但是与我在情感上的饥饿相比，以及与我的内疚感相比，这实在太微不足道了。

当我把与母亲之间的冲突以及我对这些冲突的反应告诉朋友们时，他们都感到十分不解。在他们眼里，我看上去是（也可能就是）学校里最守规矩的女孩，学习成绩好，不抽烟也不使用药物——我妈妈还想要求什么？他们说："下次我们想玩个通宵时，你就跟她说你去我家住了。"然而，他们不知道的是，我和母亲关系十分亲密，如果我撒谎，她一眼就能看穿，比任何测谎仪都准；他们也无法理解，我家的家规与他们的不同，违反家规并不只是犯了什么青少年不该犯的错误，而是会摧毁我母亲脆弱的心理。只要我严格遵守规则，我的母亲（也是我最爱的人）就会开心。她开心了，我才会开心。

由于我们谁都无法忍受彼此分离之苦，因此每次我们产生冲突之后，总是能以和解告终，童年时那个养育我长大的母亲又会回到我身边。我们彼此拥抱，热泪盈眶；我会扑进她的怀里，感受她那温暖的爱和安慰。每次和解之后，我都以为我们之间不会再发生争吵了。然而，我们之间的冲突从未停止。久而久之，我不再相信我们之间会有所谓的"停火"。放学后，只要快到家门口，我就会胃痛；一进门我就开始老练地揣测她的情绪。我绝对不能做任何让她不高兴或愤怒的事。我更清楚地意识到了她童年的悲伤，以及如今她内心深处的空洞。我开始梦想着逃离，梦想着赶紧上大学，从而摆脱她。

但我也渴望留下来，她毕竟是我的妈妈。我从来没有像现在这样如此迫切地想要填补她内心的空洞，带走她的一切伤痛。一想起母亲流泪（通常都是因我而起）的情景，我就禁不住流泪。我是家里最小的孩子，在她心里无比重要，就像她的太阳一样。如果我长大离开了她，就意味着要把她丢进黑暗之中。那时，我始终相信我一定有办法解决这个难题。如果我处理得当，我既能按自己的方式生活，又能让她开心——就像我那伊甸园般的童年时期一样。

* * *

在我们家，考入一所好大学是全家人的期望。妈妈虽然害怕我离开，但更希望我能够学业有成。在高四那一年的 4 月 15 日，也就是大学通知录取结果的重要日子,我们把矛盾暂放在一边。录取通知书寄来时,我还在睡觉,她把盖有普林斯顿大学徽章的大信封拿到我的卧室,脸上洋溢着幸福的笑容。我们一起仔细地看着这份珍贵的文件,就像60年前我外祖父看着那张去美国的普通舱船票一样。当时的他和我现在的年龄一样。

9月10日,我的录取通知书并没有把我送到拥挤的埃利斯岛,而是送到了一个风景优美、有哥特式庭院和回廊式草坪的地方。普林斯顿大学无论是好是坏,都与我童年时的那个家截然不同,学生到了学校,就要完全靠自己。校园里挤满了学生,他们优雅的体态完全超出我的想象:腰细臀窄,四肢强健,金发顺滑如丝。那还是20世纪80年代,校园里来自不同文化的学生相对稀少,你依稀可以感受到校园的空气中仍留存着弗朗西斯·斯科特·菲茨杰拉德的气息。校园里最有魅力的学生被称为"BP"——校园俚语,意思是"美丽的人"。即使是秋天,校园里的空气也十分清新宜人,不乏贵族气派。这里的一切、这里的每个人都熠熠生辉。

然而这个高雅的地方却有一点美中不足:我宿舍里的电话不可避免地把我和母亲联系在一起。起初电话响起时,我只是感觉与现时现地有些不协调:她的声音仿佛来自遥远的童年星球。她想知道我在大学里过得是否快乐,她想知道我是否遵守了那条准则——结婚前一定要保持童贞。我一边权衡着这些准则,一边看着普林斯顿大学里那些身材魁梧的年轻人,他们参加完赛艇训练后狼吞虎咽地吃着培根芝士汉堡的样子,让我感到有些心神不宁。就我母亲的标准而言,这样的同学是绝不可能成为我的朋友的;

但对我来说，他们的魅力是无法抗拒的。那时我 17 岁，在我眼里，他们就是未来的领导人，以后会制定政策，发动战争，变得大腹便便，拥有情妇；现在我看到的情景只是他们人生中的一段插曲。到那时，民众会非常喜欢他们，至少我这么认为。只不过，此时他们还穿着感恩而死乐队（Grateful Dead）的 T 恤，在月光下与女友在拱门下甜蜜亲吻；艺术史课上，如果哪个同学能分清伦勃朗和卡拉瓦乔的作品，他们就会投去敬佩的目光。

我妈妈感知到了这一切，她肯定我会未婚先孕，名声扫地，还没毕业就会死于艾滋病。大学一年级一天天过去，她感觉到了我与她之间的距离越来越远，她已无力阻挡。她陷入了深深的悲痛之中，就好像你知道你的女儿心甘情愿地让怪物吃掉一样无助。如果说高中时我和妈妈还在分离和重聚的模式之间反复，那么现在，我童年时的那个妈妈已经完全消失了：她变成了一个充满仇恨的女人，每天给我打电话指责我行为不当；假期时能在我的卧室门口站几个小时，威胁说如果我仍不"觉醒"，就把我从普林斯顿拉出来，天天监视我。我被吓坏了，倒不是因为害怕失去常春藤盟校的学位，而是害怕再次回到在母亲监督下的那种生活。

如果当时她被一辆十轮卡车撞倒，或是患上一种突发性不治之症，我心中一定会产生一分轻松、三分悲痛。这样在她的葬礼仪式上，我就能表达我的痛苦，其他人才能理解我的痛苦。事实上，我从来没有想过为她哀悼——谁会想哀悼一个每天精力充沛、像蛇发女妖戈耳工一样往你宿舍打电话的母亲呢？

我在日记中倾诉了这些不道德的愿望，一本接一本地写了

第四章 失去所爱，我们该怎么办？
+ 113

满满几大本。我在日记中写道，我爱她，但我也恨她。我把那些她禁止我在大学里做的所有事，那些令我痛苦万分的细节一一记录了下来。我写道，那个我深爱的（同时也深爱着我的）母亲虽然没有死去，但是永远离开了我。也许她从一开始就不存在，从某种存在方式上说，我就是一个没有母亲的孩子。简而言之，我把我在现实生活中无法向她坦白的事情全部写进了日记本中，因为我知道一旦我把这一切告诉她，那就相当于精神弑母。就这样，我度过了大学一年级。

下面我要讲的故事，你可能会感到难以相信。这么多年过去了，现在回想起来，仍然连我自己都不敢相信。

那是一个学年的最后一天。我需要在学校里多待几天，具体是什么原因，我已经想不起来了，不过我先要把行李送回家。父母到学校来帮我拿行李，我们相互问候，空荡荡的宿舍里回声阵阵。我感到浑身不自在——我的父母不属于这里，这只会让我感觉自己也不属于这里。宿舍楼那头住着一个名叫莱克萨的大一新生，是建筑专业的，衣柜里的衣服都是深灰色，有一群来自曼哈顿和欧洲各国首都的朋友，高雅有格调，她形容她们都很"文雅"。我花了几个星期才明白她们说的"文雅"其实是"美丽动人"的意思。我忍不住把我的母亲与莱克萨的母亲进行了对比：我的母亲总是一脸焦虑，好像肩负着整个世界的重量；而她的母亲是一位电影制作人，前天来把她接走了，来的时候穿着一件修身皮夹克，手臂上戴了一串银手镯。我恨自己注意到了她们之间的差异。

我和父母互相道别，事情就在此时发生了。在我完全没有计划的情况下，在我完全无意识的情况下，我把日记本交给了我的妈妈——全部交给了她！事后我才意识到，我竟不假思索地把日记本交给了她！当时我说，为了安全起见，让她帮我把日记本带回家。我可真是给日记本找了个安全的地方啊！就在那个关键时刻，我还在自我安慰：她仍然是我童年时的那个天使妈妈，一个做事永远有分寸的妈妈，这样的妈妈是不会读别人的日记的，即使有人把日记交给她让她保管，她也不会看的。

那些日记本记录着我和她之间伟大的爱，以及这伟大的爱如何成为我痛苦的回忆，如何最终瓦解的故事。当我把那些日记本交给她时，其实就相当于选择断绝我们之间的关系。不管是哪个家长，只要听到了青春期的孩子对他的真实想法，都会痛苦万分。我的母亲如果知道了我的那些想法，一定难以承受。她以实际行动证明了我的猜测——第二周我回到家时，她站在我卧室的门口，将我的日记本抵在自己的脖子上，就像它是断头台上的利刃。她是对的，我觉得，从某种心理学的角度来说，我已经杀害了我的母亲。

＊＊＊

童年总会结束，但我所经历的并不是普通的青春期痛苦。在我把日记本交给妈妈后的几十年里，我们仍然会打电话聊天，也会在假期里见面，彼此仍然说"我爱你"，而且是真心的。但是她总是在我的梦里出现，以不同的形象出现，有时气势汹汹，有时脆弱无力。她既是那个给我套上枷锁的人，也是我深爱着但渴望逃离的人。在现实生活中，我们会围在彼此身边，热情但谨慎，我们之间的许多对话就像击剑比赛,尽量速战速决。我不信任她,她也不信任我。我学会了与她保持距离,设立了更坚实的界限,试着理解我们之间并非完全不同寻常的情况:妈妈告诉孩子,要么选择做自己,要么选择母亲的爱,但不能两者兼得;而孩子则相信,只要自己同意永远不长大,就能永远拥有母亲的爱。通常,孩子会狡猾地同意这么做,直到长大后,不再遵循这份协议。

是我违反了我和她之间的约定,对此我花了很长时间才原谅自己。而我花了更长的时间去接受我(在情感上)没有妈妈了这一事实。但我学会了处理成长带来的后果:尽量避免冲突,不相信自己;如果他人的态度更强硬,就选择顺从。我的内心中有两个自我:一个勇于打破常规、随心所欲,这是我的本性使然;另一个我,总是在我与他人有冲突的时候出现,总是认为他人的观点才是正确的,总是认为他人的理解比我的理解更胜一筹。在这条成长之路上,我已经走了很久,我仍在努力学习应对路上的各种问题,而且会一直努力。

但是在很长一段时间里,即使我的生活已经在不断前进了,甚至达到了飞速发展的程度,即使我有了自己的住所、自己的家庭,过上了儿时梦想的种种充满活力的生活,然而,只要一说到我的母亲,我仍会不禁潸然泪下。哪怕只是简单的一句"我妈妈在布鲁克林长大"都会让我泪流满面。因此,我学会了完全不提她。我无法接受这样的眼泪,毕竟为一个还在世的母亲悲伤是没有意义的,哪怕是一个像我的母亲一样给你带来痛苦的母亲。但我也无法接受让我怀念的母亲和我现实拥有的母亲之间的鸿沟，她曾是我最伟大的伴侣、支持者和我最爱的人。我童年时的那个母亲（如果真实存在的话）最后一次出现，就是在大一的最后一天她带着我交给她的日记本离开之时。

* * *

不过，她从来没有把我从普林斯顿大学拉出来。我回到学校后，报名参加了一个创意写作班，我写了一个关于女儿的故事：虽然她的母亲是一个不可理喻的人，但是这个女儿却非常爱她。这是一个年轻女孩渴望得到成年人般的对待和关爱的故事。我给这个故事起名叫《最热烈的爱》。

写作班的教授是一位经验丰富的小说家，非常严厉，通读完我的文章后，她说我写的内容过于浅显直白。

她建议我："把文章放进抽屉里，以后的30年里都不要再拿出来了。"

教授说得没错。不过那已经是30年前的事了。

* * *

我给你们讲述我有多么爱我的母亲以及如何失去母亲的故事，并不是因为我的故事有多特别。你们的故事，关于爱和失去的故事——苦乐参半的故事——一定也与众不同。我能够敏锐地感受到，你们的故事可能比我的故事更令人痛苦、难忘（希望不至于太过痛苦）。或许你认为与世界上其他人遭受的苦难相比，我经历的痛苦太微不足道了；或许你认为我的痛苦就是人生中最大的痛苦，因为"母亲"本就是"爱"的代名词（如前面讲述的达尔文的观点）。无论怎样，我还是决定分享我的故事，因为我知道你们也有过失去所爱之人的经历，就算现在没有，以后也难免会有。我经历的事，仅是最终理解就花了几十年的时间，更不用说得到治愈了（哪怕是基本治愈）。或许我从中学到的教训对你可能有用。

我们接受的教育，教我们把精神上和身体上遭受的创伤视为生活中的无常，认为它偏离了生活应有的状态；有时，甚至视之为耻辱之源。但实际上，我们经历的失去和分离，与我们找到理想的工作、坠入爱河和生下可爱的孩子一样都是构成生活这个故事的基线。而人生的最高境界——敬畏与快乐、奇迹与爱、意义与创造则植根于苦乐参半的生活。我们能达到最高境界并不是因为生活是完美的，而是因为生活本就不完美。

你与什么分离了？你失去了什么东西或者失去了什么人？你一生的挚爱背叛你了吗？你的父母在你小时候离婚了吗？你父亲过世了吗？他对你残暴吗？你的家人发现你真实的性取向后，抛弃你了吗？你想念你的家乡、你出生的国家吗？晚上你需要听着家乡的音乐才能入睡吗？你应该如何将生活中的苦难和甜蜜结合起来呢？你如何才能再次感受到人生的"完整"呢？

对于这些问题，答案有无限可能，在此列举三种。

第一，你经历的所有失去塑造了你的心理状态，决定了你的人际交往模式。如果不去理解这些经历并积极形成新的情感习惯，你就会生活在反复宣泄痛苦情绪的恶性循环之中。你的人际关系会因此遭到破坏，而你却连为什么都不知道。面对生活中的种种失去，我们有许多应对方法，本书将会探讨其中一部分。

第二，无论你多么努力地疗愈自我，你经历的失去之痛都可能会导致你一生的致命弱点：害怕被抛弃，害怕成功，又害怕失败；内心中有一种根深蒂固的不安全感，拒绝敏感[①]度高，患得患失，至善主义；充满愤怒，一触即发，或者背负着沉重的悲伤，犹如光滑的皮肤上出现了一个肿块。纵使你偶然得到了一次解脱（或者你能够得到解脱），失去的痛苦可能仍会尖叫着将你再次拉回你惯常的思维模式和行为模式中。在绝大多数情况下，你可以选择堵住耳朵，但你必须接受你的过去会尖叫着反扑的事实。

第三个答案最难掌握，但这也是能够拯救你的答案。请记住，那些你已经失去的爱，或者你可望而不可即的爱，都将永远存在。这些爱可能形式有所改变，但始终存在。你的任务就是学会识别这些爱的新形式。

***

还记得"渴望"一词的语言学起源吗：令你痛苦的事物正是你在意的事物。你之所以受到伤害，是因为你太在意某些事情。因此，应对痛苦最好的方法就是深入了解自己的痛苦之源，而这与我们大多数人的反应恰恰相反——我们总是想要避免痛苦，甚

[①] 拒绝敏感是个体对拒绝的焦虑预期、准备性知觉和过度反应的一种倾向。——译者注

至通过忽视生活中的甜来避免感受生活带来的苦。内华达大学临床心理学家斯蒂芬·海斯（Steven Hayes）博士在《今日心理学》发表了一篇题为《从失去到爱》的文章，其中提到："向痛苦敞开心扉就是向快乐敞开心扉。""在痛苦中发现你的价值，在价值中发现你的痛苦。"

海斯博士是接纳承诺疗法的创始人，这是一种极有影响力的心理治疗理论，主要目标是引导人们接受自己所有的想法和感受，包括痛苦的感受，将其视为我们为应对生存挑战和人生困境的正常反应。接纳承诺疗法同时教导我们，通过审视痛苦来发现我们珍视的一切，然后采取行动。换句话说，接纳承诺疗法就像一种邀请，邀请你调查自己的痛苦，并承诺采取行动获得生活中的甜蜜。

海斯解释道："当你与内心深处最在意并能让你振作的地方联结起来时，你其实就把自己置于一个最有可能让自己受伤或者曾经受过伤的地方。如果对你来说爱最重要，那么你会如何应对你经历过的背叛？如果你认为与他人联结的快乐最重要，那么你会如何处理被人误解或无法理解他人带来的痛苦？"

海斯及其同事提炼出了七种应对失去的技巧。通过对过去35年间的1 000多项研究的调查，他们发现，根据人们对这套应对技巧的掌握情况就能预测出一个人在面临失去时，是会陷入焦虑、抑郁、创伤和药物滥用之中，还是能够变得更加强大并且从中成长。

前五项技巧均与接纳痛苦有关。首先，我们需要承认失去的已经失去了。第二，我们应接受因失去而产生的情绪。如果我们试图抑制痛苦，或者通过食物、酒精或工作分散自己的注意力，那么我们感受到的只有伤害、悲伤、震惊和愤怒。第三，我们需要接受我们所有的感受、想法和记忆，甚至是那些出人意料和不合时宜的情况，如释放、欢笑和解脱。第四，我们应该明白，人总是会有不堪重负的时候。第五，我们应该提防那些有害无益的想法，比如"我早应该忘记这一切""这都是我的错""生活就是不公平的"。

事实上，接受痛苦情绪的能力与一个人的长期成长紧密相关，这不仅仅意味着观察这些情绪，在这些情绪中自由呼吸，还意味着不加评判地接受这些情绪。2017年，多伦多大学布雷特·福特（Brett Ford）教授做了一项研究，要求受试者向一位假想的面试官做一次即兴演讲，描述他们的沟通技巧。结果显示，那些被预判为会习惯性接收负面情绪的人，甚至是那些最近经历过重大压力（如失业或受骗）事件的人，在演讲时感受到的压力比较小。另一项研究发现，会习惯性接收负面情绪的人比同龄人的幸福感更强，即使他们承受着压力（如与伴侣发生争吵，或接到儿子从狱中打来电话）。

但是，真正带领我们将痛苦转化为甜蜜，从失去变为获得爱的是最后两项技巧——与我们最在意的地方联结，采取坚定的行动。"与我们最在意的地方联结"就是要认识到，失去的痛苦能够帮助你找到对你而言最重要的人、最重要的原则，即你生命的意义。"采取坚定的行动"就是要对这些有价值的人和事采取行动。海斯写道："你遭受的失去可能是一种机会，它可以让你找到生活的意义，活得有价值。当你确定了内心深处最在意的一切，就要立即采取行动。"

所以现在，再问自己一遍：你与什么分离了？你失去了什么东西或者失去了什么人？再问问自己：你的分离之痛将你引向了哪里？你内心深处最在意的是什么？你将如何为之努力？

这两种技巧的具体形式多种多样。1922年，建筑师兼工程师巴克敏斯特·富勒先是遭遇了生意失败，后来4岁的女儿又因脑膜炎夭折，经受双重打击的他差点自杀。但是他认为生活不应该只是活着，于是他改变了主意，不再考虑自杀，而是问自己：到底什么能让生命有价值——一个人能为人类的福祉做些什么？事实证明，能做的事很多。富勒设计出了网格球形穹顶等建筑结构，被誉为"20世纪的列奥纳多·达·芬奇"。

对于美国诗人兼作家玛雅·安吉洛而言，她失去的是自我表达的勇气、尊严和自爱。但后来，她重新开始表达自我，并以更新、更强大的形式为之采取行动。她在回忆录《我知道笼中鸟为何歌唱》中讲述了她早年的故事。她和哥哥在很小的时候就被送到阿肯色州与祖母一起生活，当时他们的胸前还挂着一块牌子，上面写着"致相关人员"。5岁时，有一次她本应在教堂朗诵一首关于复活节的诗歌，但她却觉得自己太胖、太笨，不配朗诵这首诗，用她的话说，当时她还没有从她那"又黑又丑陋的噩梦"中醒来，于是哭着逃离了教堂。8岁时她被母亲的男友强奸，并在法庭上做证指控这个男人，之后这个男人也被杀害。从此，她以为只要和她说过话的人可能都会死。

于是除了哥哥以外,她不和任何人说话。她这一沉默就是整整 5 年。

在这 5 年中,她通过阅读获得了慰藉。13 岁时,玛雅被伯莎·弗劳尔斯夫人邀请来到她的家中。弗劳尔斯太太温柔、优雅,受过良好的教育,在玛雅眼里,她是那么完美。"但她一定也有自己的悲伤和渴望。"安吉洛写道,她虽然经常微笑,但从未开怀大笑。她送给玛雅一本诗集,让她背诵一首,下次来时背给她听。不过她先给玛雅读了《双城记》:"这是最美好的时代,也是最糟糕的时代。"弗劳尔斯太太朗读时,玛雅感觉她像在唱歌一样。虽然她以前读过这本书,但现在她真想看看弗劳尔斯太太手里这本。"这本书和我读过的那本一样吗?"她心想,"难道这本像颂歌一样,上面有音符和乐曲?"

她终于又开始说话了。刚开始,她用的是别人的语言;后来,她有了自己的语言并写了许多诗歌、散文和回忆录。没过多久,她开始为他人发声。其中有一个比她小 26 岁的小女孩,生活在密西西比州,热爱阅读,15 岁时偶然读到了安吉洛的书,惊讶地在书中发现了自己的影子,她就是奥普拉·温弗瑞。"这位名叫玛雅·安吉洛的作家,她的生活经历、情感、渴望和认知,怎么会和我这个来自密西西比州的可怜黑人女孩一样呢?"奥普拉在《我知道笼中鸟为何歌唱》一书的前言中写道,"我就是那个朗诵复活节诗歌的女孩……我就是那个喜欢读书的女孩,我就是那个被送到南方由祖母抚养长大的女孩,我就是那个在 9 岁时被强奸的女孩,只不过我对此事保持了沉默。我理解玛雅·安吉洛为什么曾保持沉默许多年。"

一位年轻女性在这本书中讲述了自己的悲伤经历，而 20 多年后，下一代的年轻女性仍在为读了这本书而感到精神振奋："原来世界上还有像我这样的人。我并不是唯一一个有这些经历的人。"

治愈的过程不需共同的生活经历。如奥普拉所写："当笼中的鸟儿歌唱时，我们都会心照不宣地产生共鸣。"语言以及歌唱都可以真实地表达悲伤和渴望。为什么 W.E.B. 杜波依斯会把美国南部被奴役的人民所唱的"悲歌"称为"诞生于大海这一端、对人类体验最美丽的表达"？为什么奥普拉看到安吉洛的作品时，不仅感觉书中所述就像一面镜子一样反映了她的生活，而且，用她自己的话来说，更是一种"启示"呢？当读到安吉洛的回忆录时，奥普拉写道，她感到"敬畏不已"，这本书成了她的"法宝"。10 年后，她终于有机会见到安吉洛，她说这是"天意"。奥普拉用的这些词不单单是为了体现她的热情，这是描写转变的语言，是对迷失的自我以另一种形式回归的表达。

＊＊＊

安吉洛的故事说明，许多人应对失去之痛并疗愈自己的方法，是治愈他人所受的创伤（也是自己曾经遭受的创伤）。安吉洛以写作的方式应对失去之痛，不过她的整个疗愈过程体现了多种具体形式。事实上，"受伤的疗愈者"是最古老的典型人性原型之一，这个术语是心理学家卡尔·荣格于 1951 年提出的。希腊神话中，半人马喀戎（Chiron）被一支毒箭射伤，虽然这支箭让他痛不欲生，但同时也具有疗愈作用。在萨满教文化中，一个人要想成为一名疗愈师，通常必须自己先经历巨大的痛苦。在犹太教中，弥赛亚的力量源自他自己的痛苦。他总是与穷人和病人在一起，因为他就是其中一员。在基督教中，耶稣也是受伤的疗愈者，他治愈过受伤流血的妇女，拥抱过麻风病患者，为了拯救我们所有人，被钉在十字架上。

在现代，受伤的疗愈者更容易辨认。一个十几岁的女孩在高速公路上被撞身亡，她的母亲因此成立了反醉驾母亲协会。一个9岁孩子的父亲患脑癌去世，这个孩子长大后成了一名悲伤辅导师。大规模枪击事件的幸存者们成立了枪支管制组织……

对受伤的疗愈者的研究发现，曾患过精神疾病的心理咨询师往往在工作中更投入。在2001年9月11日那场集体性创伤事件之后，申请成为消防员、教师和医护人员的美国人人数创下了历史新高。据《纽约时报》报道，在"9·11"事件后的6周内，美国教师协会的申请人数增加了三倍，其中一半申请者表示他们是受到了这场灾难的影响。一位纽约市消防队员对《泰晤士报》记者说，他以前一直对加入消防队伍"持谨慎态度"，因为他认为这个工作太耗费时间。"然而'9·11'事件之后，我最想做的且唯一想做的就是当消防员去帮助他人。""9·11"事件发生时，演员艾米·婷正好在世贸大厦，差点儿遇难，事后她离开了电影业，去了空军医务局。"'9·11'事件后，我对生活的认识发生了变化。"她对《飞行员》杂志的记者说，"我一直想帮助有需要的人们，所以我决定回到医学领域工作。"

关于受伤的疗愈者还有一个激励人心的例子，那就是作家兼公设辩护律师蕾娜·丹菲尔德（Rene Denfeld），她在书中写下了自己童年时遭受性虐待和家人漠视的可怕经历。丹菲尔德的母亲是个酒鬼，继父是个皮条客，她的家中总是聚集着许多恋童癖者。她试图揭发别人对自己的虐待，但是没人相信她。后来，她逃到俄勒冈州波特兰，开始在大街上流浪，成了一群地痞流氓欺负的对象。

对于这种家庭生活，不同的人会有多种反应。丹菲尔德的母亲也是一个受害者，曾遭遇强奸和暴力，她因未能保护自己的孩子而深感内疚，饱受折磨，最终自杀。丹菲尔德的哥哥却通过假装没事逃避自己的过去，丹菲尔德为此写了一篇文章——《失去的彼端》（The Other Side of Loss），文笔犀利，讽刺哥哥是"若无其事之王"。他总是穿着系扣衬衣，口袋里装着保护套，试图抹去童年的污点。可惜这些努力都是徒劳，他最终也死于自杀。"我就是想做个好孩子。"他临终前说道。

如果丹菲尔德同样选择终结自己的生命，人们也不会感到奇怪。但她最终成为波特兰一家公共辩护律师事务所的首席调查员，她曾帮助遭受强奸的受害者逃离人贩子，为被告辩护使其免受死刑。她写了三部小说，主角都是遭受过创伤的人物。她从抚育院收养了三个孩子，这些孩子都和丹菲尔德有着同样可怕的过去，从未得到过爱。一开始，这三个孩子对她充满愤怒，目光呆滞，总是死死盯着她。尽管如此，她也从未放弃他们。20多年来，她一直爱着他们，给了他们一个从未有过的温暖的家。

她在文章中写道:

我的孩子给我带来了欢乐、救赎和一种使命感。

我们在一起的每一次欢声笑语,每一次温柔抚摸,无一不在提醒我,现实真的可以改变。从创伤中升华的灵魂,明亮而完美。这样美好的灵魂一直都在,等候着你的拥抱。

治愈自己的最好方法是什么?治愈他人。

我们无法逃避过去——我的哥哥和妈妈已经试过了,但是没有成功。我们必须接纳悲伤。我们必须紧紧抓住所有失去之痛,就像牵着自己心爱的孩子一样。只有接受了这些可怕的痛苦,我们才能意识到唯有这段荆棘之路才能通向疗愈。

大多数人都没有经历过巴克敏斯特·富勒、玛雅·安吉洛和蕾娜·丹菲尔德遭受的人生试炼,就算我们有过这样的经历,也不一定能发明网格球形穹顶、写出具有影响力的回忆录或为受虐儿童建立一个有爱的家。但许多人都是受伤的疗愈者,我们为爱采取的积极行动不必如此英勇或富有创造性。也许我们可以领养一条狗,并精心照料它;也许我们可以当一名教师、助产士或消防员,以这种方式帮助他人;也许我们可以只是放下手机,更加关注我们的朋友和家人。

抑或,就像我最近所做的那样,进行慈心冥想。

***

慈心冥想（在巴利文中被称为"metta"，是慈爱之意）是一种为他人祝福的行为。美国著名冥想老师莎伦·萨尔茨伯格（Sharon Salzberg）对我说，很多人一听到"慈心冥想"这个名字，就感觉"很假，很伤感，有些自作多情"。这也是慈心冥想在西方国家不如正念冥想那么流行的原因。慈心冥想是一种古老的冥想方法，有很多好处——能够增加人的敬畏感、喜悦感和感激之情，还有助于缓解偏头痛、慢性疼痛和创伤后应激障碍。这也是一种历史悠久的培养爱的方式。如果你失去了一份挚爱，并且认识到自己很在意这份爱，那么通过慈心冥想，用接纳承诺疗法的话说，你就可以"实施坚定的行动"，实现"与在意的一切的联结"。

如今，萨尔茨伯格已经是慈心冥想方面的世界权威。她在美国普及了慈心冥想；著有11本畅销书，如《慈心与真正的幸福》（*Lovingkindness and Real Happiness*）；她在马萨诸塞州巴雷镇与他人联合创办了"内观禅修中心"，是西方最有影响力的冥想中心之一。

但在孩提时期，她也经历了一次又一次痛彻心扉的分离之苦。首先是与父亲的分离。她很爱父亲，认为父亲是"她最重要的人"。然而，在她4岁时，父亲精神崩溃，离开了家。母亲在她9岁的时候去世了，她只得和几乎从未见过面的祖父母一起生活。11岁时祖父去世了，后来父亲回来了，给她带来了短暂的快乐，然而没多久她的父亲便因过量服用安眠药住院，此后在精神病院度过了短暂的余生。莎伦16岁时就已经辗转了5个家庭，在每个家庭的生活都因创伤、失去或死亡而突然终止。

她知道自己的家庭与他人不同，因此备感自卑。在家里，没有人谈论她父亲究竟遭遇了什么，只是假装他过量服用安眠药一事是个意外。在学校，孩子们问她："你爸爸是做什么的？"她只能说不知道。她的同学们都有完整的家庭，那些爱他们的人从未离开。她所认识的人当中，她是唯一一个经历过亲人离世、被遗弃的人。她知道这意味着她与别人不同，甚至低人一等，她也从未怀疑过这一结论。要是她没有上大学，没有在不经意间选择亚洲哲学课，她可能永远不会对此提出疑问。

当初她报这门课程并不是为了了解东方智慧，只是正好有时间上这门课。然而她从这门课程中学到的知识不仅改变了她的生活，还在她成为老师后，改变了无数学生的生活。她从课程中了解到，每个人都要面临分离之苦，无人能够幸免，因此真正的问题是如何应对这一不变的事实。

一开始她对这个观点表示怀疑："难道人人都应该遭受分离之苦？难道这是人之常情？难道生活在痛苦之中的人，并不一定都是怪人，也并不会与周围世界格格不入？"

为了找寻答案，她去印度深造，在那里学习了将近4年。童年时背负了沉重家庭秘密的她，在那段学习过程发现了坦率和透明的珍贵，她爱上了那种氛围。她师从印度最受尊敬的教师之一蒂帕嬷（Dipa Ma），这个名字的意思是"蒂帕的母亲"——蒂帕是她唯一幸存的孩子的名字。蒂帕嬷也遭受了各种痛苦：12岁时就因包办婚姻而结婚，婚后多年不育；好不容易三个孩子相继出生,却有两个夭折,不久丈夫也去世了;除了小蒂帕与她相依为命,她所有的亲人都走了,蒂帕嬷被痛苦彻底击垮,无力抚养小蒂帕;她患有心脏病和高血压,医生告诉她,她会因心碎而死。医生建议道:"你应该去学习禅修。"到了附近的寺庙,由于身体太虚弱,她只能手脚并用地爬上寺庙的台阶。她悟性高,很快就学会了如何将悲伤转化为同情。她重新担起了抚养小蒂帕的责任,把家搬到加尔各答,成为印度最伟大的禅修老师之一。

莎伦·萨尔茨伯格从蒂帕嬷那里学会了慈心冥想。通过慈心冥想,你能够培养对自己、对你所爱之人,以及对世界上所有人的爱。蒂帕嬷给她讲了一个关于芥末籽的佛教经典故事。故事中,一个女人失去了她唯一的孩子,女人悲痛欲绝,抱着儿子的尸体跌跌撞撞地在小镇中东奔西走,寻找能让儿子复活的医生或圣人。最后,她遇到了佛陀。佛陀告诉她,他会帮她实现愿望,但前提是她要给他讨要一粒芥末籽。"还有一件事,"他又补充道,"这粒种子必须来自一个从未经历过死亡的家庭,从未经历过失去或悲伤之痛的家庭。"这位饱受丧子之痛的母亲激动不已,立即挨家挨户地敲门讨要芥末籽。结果,这个女人很快就学到一个道理,与莎伦在亚洲哲学课上学到的如出一辙:失去是生活的一部分,没有哪个家庭没有经历过失去之痛。故事中的那个女人顿悟了,埋葬了儿子,遁入佛门。

在莎伦学成即将离开印度时,蒂帕嬷告诉她,回到美国后,她应该成为一名老师,造福他人。然而,过去形成的思维习惯一时难以改变,莎伦听到老师的话后第一反应就是:"谁?我?我有什么价值，我能教给别人什么？"

"因为你理解什么是痛苦，"蒂帕嬷说，"所以你应该当一名老师。"

莎伦告诉我："这是我有生以来第一次感受到，痛苦原来是有价值的。"

* * *

自从我与母亲产生冲突以来，我总是无法良好地应对那些恃强凌弱或善于操控他人的人。当我终于能够鼓起勇气与他们设立适当界限时，我发现唯一能保护自己不受伤害的方法就是用冷漠或愤怒来武装自己。我不喜欢这种方式，我想一定还有更好的办法。因此，当一位朋友告诉我有关慈心冥想的方法，并愿意把我介绍给莎伦时，我欣然接受了。

有一天我去拜访她，她的工作室宽敞明亮，可以俯瞰格林尼治村第五大道的南端。莎伦的声音深沉柔美，面容沉着冷静，有一种明月入怀的气质。她静静地听我向她诉说我的经历以及我现在面临的情感后果。向她承认我的苦楚时，我感到有些不安，因为这似乎与她所倡导的思想完全相反。而她依然气定神闲，倾听着我的诉说。"好的，"她平静地说，就好像这样的故事她以前听过很多遍似的，"你确实还可以做得更好。"

我没有被评判的感觉。我感受到了大师的专业。

但这并不意味着我不再怀疑自我了。我很好奇，仍想知道这种慈心冥想是否真的可行。慈心冥想的理念是，你可以像母亲爱自己唯一的孩子那样爱所有的生命。但我不认为我可以像爱我的儿子那样去爱生活中偶遇的每一个人，我甚至认为我不应该这样做。让孩子感受到他在你的眼里是最重要的，难道不应该是重点吗？你是更愿意为自己的孩子付出生命，还是更愿意为别人付出生命呢？那些虐待狂和心理变态者呢，难道我也应该像爱自己的孩子一样爱他们吗？这似乎不合情理。

但莎伦对这些问题的回答就像与她有关的所有事情一样，都非常合理。她说："你不可能邀请所有人和你一起生活。你仍需保护自己，因为不是每个人都会成为你的朋友，但你仍然可以为所有人祝福。"

她举了一个朋友的例子。这个朋友与自己的母亲断绝了联系，她的母亲患有精神病并有暴力倾向。这个朋友在学习禅修时，她那位经常虐待她的母亲请求和她见一面。这个朋友非常害怕，不想见她，但她又为此感到内疚。"这段时间我一直和禅修老师在一起，"她心想，"却不想和自己的母亲在一起，这是什么样的女儿啊。"

于是，她去征求老师的意见，老师建议她远远地为母亲送去爱的祝福。他指出，人们不一定需要面对面才能为别人送上一颗充满爱的心。他说："但是如果她是孩子，你是母亲，那么你们的责任就不同了，你必须亲身在她身边付出你的爱。但是作为一个孩子，即使你们不在一起，你也可以送去爱的祝福。"

作为怀疑论者，我问莎伦这究竟是什么意思。"也许这样做会让女儿感觉好一点，"我说，"因为她只需坐着进行慈心冥想就可以了。但是她母亲离得很远，根本不知道女儿正在将爱的祝福送给她，她只知道她的女儿拒绝见她。这有什么意义呢？"

莎伦说："让自己感觉良好并非毫无意义。"

我从来没有想到过这一点。

"这也有助于她与母亲建立情感联结。"她补充道，"也许她会给母亲写信，诉说自己的思念之情。也许她会告诉母亲，她会祝福母亲一切都好。也许有一天她会做好心理准备，愿意与母亲在一个能让她感觉安全的公共场所见面。"

莎伦认为，仅仅通过默默地祝福他人，就可以改变我们与他人的关系，以及在这个世界上的生活方式。你是否在杂货店付钱时经常走神，从未关注过收银员？那么这样做之后，也许你会开始关注他们，询问他们的生活情况。你是否会感到害怕？爱是恐惧的解药。恐惧迫使你不敢向前，步步退缩；爱会让你敞开心扉。你是否只关注自己的错误和缺点？也许你可以试着把关注点从一种情况（"我有很多缺点，今天犯了许多错。"）转移到另一种情况（"我有很多缺点，今天犯了许多错，但是我也是一个有价值的人，今天做得不好，那就明天再试一次。"）。也许自此你会开始更加关注第二种情况。

从思想上接受这些观点是一回事，想要练习慈心冥想是一回事，而真正实践慈心冥想又是另一回事。虽然莎伦一直给予我最大的支持，但是在她面前，我却总是想尽办法拖延冥想的进程。我录下了我们所有的练习过程，我的表现有些滑稽。每次我们一要开始，我就会问莎伦一个理论问题。她十分善解人意，为我解释了佛教的四无量心——慈、悲、喜、舍。她从来不催我。

但我的理智也就只能持续这么久。最后,她教会了我该怎么做。

莎伦刚开始在缅甸学习慈心冥想时,老师要求她重复以下几句话:

> 愿我远离危险。
> 愿我免受精神之苦。
> 愿我免受肉体之苦。
> 愿我幸福安康。

慈心冥想的核心理念是先向自己表达美好祝福,然后不断扩大祝福的范围:亲人、熟人、生活中难以相处的人,最后向所有人祝福。(有些人不习惯从祝福自己开始,如果是这样,你可以改变祝福的顺序,找到适合自己的步骤。)

刚开始时,你可能会觉得这是一种只有甜没有苦的练习,但生活的双重性才是慈心冥想的核心。我们祝福彼此远离危险,因为我们知道幸福安康是难以实现的。我们祝福彼此相爱,因为我们知道有爱必然有失去。

1985年莎伦开始在新英格兰教学时,把从缅甸学的这几句话教给了学生,当时学生都能接受。但后来在加利福尼亚的一个静修班上,学生们纷纷抱怨说不想用"危险"和"痛苦"这样的负面词汇,而想用积极、乐观的词语。慈心冥想没有规定必须使用哪些词,再则莎伦是一个心胸豁达的人,于是,在加利福尼亚的静修班上,她把那几句话换成了:

祝我平安。

祝我快乐。

祝我健康。

祝我幸福。

我虽然能理解加利福尼亚静修班学生们的想法，但在我看来这是不对的。他们在试图否认现实，就像坚决要消除苦乐参半的状态中痛苦的部分一样。

我告诉莎伦我更喜欢缅甸的那个版本。然后我们一起闭上眼睛，说出了那几句富有魔力的话。

此后，我开始断断续续地练习慈心冥想。有时——好吧，其实是经常——我会感觉这种冥想有些公式化、做作。但当我持续练习一段时间后，我发现我更能以一种平静友好的方式与他人设立界限了。我也不太可能因为17年前做过的一件蠢事而感到羞愧了，而是会像对待一个可爱的孩子那样关爱自己。最重要的是，我发现我不仅更容易看到以各种具体形式存在的爱——配偶的爱、孩子的爱、友人的爱，而且还能看到爱的永恒本质，以及爱会在生命的各个时期以不同形式存在。哪怕爱戴着最出人意料的面具出现（我们可以尽情想象），我也能轻松识别。

弗朗茨·卡夫卡是20世纪欧洲伟大的小说家之一。有一个与他有关的故事，但不是卡夫卡所写，而是基于一个女人的回忆改编而成的。这个女人名叫多拉·戴曼特，卡夫卡在去世前与她一起生活在柏林。

这个故事是这样的。卡夫卡在公园散步时遇到了一个小女孩，小女孩把她最喜欢的洋娃娃弄丢了，哭得很伤心。他立刻帮助小女孩寻找洋娃娃，但是没能找到。于是他告诉小女孩："洋娃娃一定是去旅行了，我是一个洋娃娃邮递员，我会给你的洋娃娃捎个信，告诉她你很伤心。"第二天，他给女孩带来了一封信（是他昨天晚上写的）。"不要难过。"娃娃在信中说，"我去周游世界了。我会经常给你写信，和你分享我的冒险经历。"之后，卡夫卡给女孩写了许多这样的信：洋娃娃要去上学了，遇到了新朋友，过得很开心；她有了新生活，所以回不来了，但她爱小女孩，而且永远都会爱她。

他们最后一次见面时，卡夫卡送给小女孩一个洋娃娃，并附上了一封信。他知道这个洋娃娃和她丢失的那个不一样，所以他在信上说："旅行经历让我发生了变化。"

小女孩把这份礼物珍藏了一辈子。几十年过去了，有一天，她发现那个洋娃娃上面有一条裂缝，以前一直没注意到。她在缝隙中发现了另一封信，信上写着："你所爱的一切，最终都会消逝。但最后，爱会以不同形式重新回到你身边。"

***

故事中的卡夫卡借洋娃娃之口，教会了小女孩如何通过自己的想象汲取力量。他也向她展示了如何感知以不同形式出现的爱，如他创造的洋娃娃邮递员的角色。

这个故事也许是虚构的，也许是真实的，具体无从考证。但

苦乐参半
+136

不管怎样，有一点毋庸置疑：虽然爱有时会以不同的形式回归，但这并不意味着失去爱时，你不会痛苦，不会心碎，也并不意味着失去爱时，你的生活不会支离破碎。如果你渴望的爱没有以你最初渴望的形式回归，你也会觉得难以接受：假如你7岁时父母离婚，即使有一天他们破镜重圆了，你也不再是当初那个孩子了；就算你真的回到了心心念念的家乡，你也是一个陌生人；你可能会发现，记忆中散发着柠檬芬芳的树林如今已经成了停车场。你再也找不回曾经失去的那个地方、那个人或那个梦想了。

但你可以找到其他东西。通过它，你可以短暂地欣赏一下你憧憬的那个美好又完美的世界——哪怕只是一瞥，也意义非凡。

关于慈心冥想，如果你有兴趣按我的方式练习，可以登录我的网站 susancain.net，上面有具体的练习方法。

***

我母亲80岁时患上了阿尔茨海默病。这种病常见的症状她都有——不吃东西，不梳头，分不清今天几月几号，不断重复同一个问题。但是，截至我写这本书的时候，从根本上说，她还是她自己。在她退出人生舞台之前这段时间，她忘记了——真的忘记了——我青春期的那些黑暗岁月，以及随后我们关系紧张的这几十年发生的事。这时的她很温柔，也很亲切，和我在一起时很开心，在电话里聊天的时候也很高兴。她想拥抱我，也想让我拥抱她。她一次又一次地想要告诉我，我是一个好女儿，"从未惹她生过气"，她很爱我；一直都爱着我。

作为回应，我告诉她，在我的童年时期，她是一个多么好的母亲。（我很小心地加上了"在我的童年时期"这几个字，因为首先我认为我应该说实话，其次我想告诉那个可能正在见证这一转变的"隐形人"，我在青春期和性觉醒那段岁月中，是多么渴望得到赞扬。）我想让她知道，在那些童年岁月里，她给我的关怀和母爱，让我有了爱的力量，这种力量将支撑我度过余生。

但她对我的这番话却不以为然，有点不耐烦但依然和蔼可亲地说："我不需要你的恭维。"她说的是实话，她确实不需要。"我只是想让你知道你是一个多么好的女儿。"她急切地说，"我只是想让你知道这一点。"在她人生的最后几年中，每次我给她打电话，每次我去看望她，她都会重复这一点。"我能对你说这句话的时日不多了，所以请记住我有多爱你。好女儿，你是我的好女儿，你真的是个好女儿。"我认为这句话也是她渴望从她母亲那里听到的。

有一次，我用开玩笑的语气婉转地告诉她，她并不是一直都认为我是个好女儿。但是她听完后一脸困惑，在她的记忆中，那些年发生的事都被"剪辑"掉了。

还有一次，她有些迷茫地看着我。"有时我很担心自己是不是做错过什么事情，"她说，"我希望我没有做错什么，要是我真的做错了什么，我向你道歉。"她说这些话时，一种熟悉的爱与内疚交织在一起的感觉涌上了我的心头。不过这次的内疚源于这些她很久以前犯下的"罪行"，虽然现在她都已经记不起来了，却依然会向我道歉；源于我知道我还会继续犯下"罪行"——出版这本书，就像以前我把日记本交给她一样。她是一个注重隐私的人，所以我一直等到她的生命结束后，才把我们之间的故事写出来。

但是我还产生了一种说不清的感觉，我花了很长时间才明白这原来是一种解脱的感觉：原来很久以前我的感知是准确的。这么多年来，我一直怀疑我是不是对童年的记忆产生了错觉，也许我的童年根本不是我想象中的伊甸园。但现在听着晚年的妈妈说的话，一切又是那么熟悉——不仅是她说的话，还有她说这些话时温柔慈爱的样子。她的心是如此完美，如此开阔。那时我知道，这一切都是真的，我记得这位慈爱的母亲，她确实存在过。曾经的她的确是这样的，妈妈曾经的确如此慈爱，我们曾经的确如此相爱。而此时此刻，在她的记忆即将完全消失之前，我们又是如此相爱。

我并不是说这是完美的。坦白地说，当她的听力开始下降，再也听不懂我在说什么，无法质问我时，我感到了一种解脱。我仍然渴望母亲的人生能有所不同，希望她能爱自己，哪怕仅仅是多喜欢自己一点点。然而，我无法改变她的过去。现在我明白了，无论我们给对方造成了什么样的伤害，不得不说，作为一个母亲，她以她自己的方式取得了成功：我从来没有像她那样感觉自己没有价值，恰恰相反，从我很小的时候起，母亲就一直告诉我，我和兄弟姐妹出生的日子是她一生中最美好的日子。我相信她，现在仍然相信。

万事万物，即使破碎，依然美好，爱亦是如此。没有什么能夺走母亲对我的爱，也没有什么能剥夺我对她的爱。

无题 © Safwan Dahoul (instagram: @safwan_dahoul)

成功者与失败者

第二部分

在"积极的暴政"中真实地生活和工作

Part
Two

第五章

积极的暴政

---------- * ----------

如今,无论是谁,只要一提到"失败者"这个词,总会带些轻蔑之意。然而他可能忘了,正是生活中经历的种种失败,才让他提高了明辨是非的能力。

——加里森·凯勒

我们已经探索了隐藏在悲伤和渴望背后的丰富内涵，现在让我们再回过头来看看，为什么我们的社会如此害怕这些情绪。在接下来的两章中，我们将探讨美国奉行的积极文化，包括这种文化的形成过程，及其在从宗教到政治等领域中的当前表现，以及美国社会文化与其他社会的对比。我们将从美国的经济发展方面追根溯源。然后，我们会讨论这种被迫积极的文化对职场的影响，以及我们如何能够超越这种文化。在此过程中，我们将汲取顶尖实践者和学者的见解，如哈佛医学院心理学家、领先的管理思想家苏珊·戴维所做的开创性研究。

＊＊＊

苏珊15岁时，她年仅42岁的父亲被诊断患有结肠癌。这时所有人都告诉她："乐观一点，一切都会好起来的。"

因此，即使病魔吞噬了父亲的整个身体，尽管检查结果非常糟糕，苏珊仍然表现得好像一切都好。父亲越来越虚弱，她却能坚忍地保持平静。直到那年 5 月的一个星期五早上，她去上学前，母亲低声对她说应该和父亲说一声再见。苏珊放下书包，穿过走廊来到父亲的病床前。她肯定父亲能够听到她的声音，于是她轻声告诉父亲，她有多么爱他，并且会永远爱他，然后拿起书包就去上学了。那天她上了数学课、历史课还有生物课。上课时，她认真做笔记，下课和同学聊天，一起吃午饭。然而，等她回到家时，父亲却已经不在了。

全家人无论在情感上还是经济上都受到了沉重打击。苏珊的父亲一直是一个谨慎而豁达的人，在短暂的患病期间，他坚信只要保持乐观的心态、相信上帝，就能够痊愈。如果他表现得不够乐观，对上帝缺乏信心，那么等待他的就只有死亡。为了证明自己足够乐观，他甚至取消了自成年后就一直购买的人寿保险。没想到，他去世不到半年，家里就债台高筑。

之后的几个月里，苏珊始终面带微笑，因为她知道这是大家希望看到的——苏珊很乐观，苏珊很坚强，最重要的是，苏珊没事。每当老师和朋友问她"你怎么样了"时，她的回答总是一成不变："我没事。"她天生就是一个开朗的人，她知道如何在他人面前表现出没事的样子。没人问过她"你真的没事吗？"，苏珊也没有告诉任何人，甚至没有告诉自己，其实一切都不好。她只能通过暴饮暴食来表达内心的悲伤。吃了吐，吐完了再吃。

要不是八年级的英语老师及时发现，她可能就会这样无休止地伤害自己。这位英语老师给全班每个人都发了一个空白笔记本。巧的是，这位老师小的时候也经历过失去亲人的痛苦。

老师对同学们说:"把你们生活中遇到的一切都写下来。"她一边说一边将目光投向苏珊,敏锐而友善。"就当是写给自己,把心里想说的都写出来。"

苏珊明白老师的这番话其实是说给她听的。"就这样,"她现在回忆道,"我才有机会把内心的悲伤和痛苦全部倾诉出来。"

她每天都会写日记,诉说失去父亲后她感受到的巨大痛苦。她把写好的日记交给老师,老师总是用铅笔回复,好像在说:"我听到了你的心声,但这是你的人生。"老师没有否定苏珊的情感,也没有鼓励她发泄情绪,她只是作为一个旁观者,见证了苏珊的这些情绪。

苏珊把她与老师之间的日记交流称为情书。对苏珊而言,这些情书"无异于一场革命"。一场空白笔记本中的革命,一场拯救她心灵的革命,一场让她变得强大、坚韧、快乐的革命,一场影响她一生事业的革命。

这种"积极的暴政"[①](tyranny of positivity,苏珊使用的名词)的思想究竟源于何处?她的父亲为什么会盲目乐观地相信他能"战胜"癌症呢?为什么失去父亲的女儿,还要强颜欢笑面对他人?

我们可以从美国的个人主义文化观中找到这些问题的答案。在这种文化观的影响下,我们通常会在内心深处将自己归为成功

---

① 这个词原本是苏珊·戴维的一个朋友提出的(朋友最后死于癌症),苏珊在接受《华盛顿邮报》采访时说:"她的意思是,要是仅仅通过乐观的思维方式就能缓解病情,那么她那些乳腺癌支持小组的所有朋友都能活下来。"

者或者失败者,然后通过乐观但急躁的行为努力证明,我们属于前者。这样的人生态度对我们生活的方方面面都产生了深刻影响,只是我们没有意识到而已。

苏珊的故事——从被迫积极到笔记本中的革命——正是我们的文化的故事。这可能是我们以前经历过的故事,也可能是以后我们将会经历的故事。这个故事告诉我们——尤其是那些具有苦乐参半心态的人——即使在这个否定悲伤和渴望的社会中,我们也可以学会真实地生活。

***

最近,我翻出了我十几岁时拍的一些照片。照片中的我,无论是在高中毕业舞会上还是大学假期的派对上,始终带着灿烂的笑容。至今我仍然记得当时拍这些照片时的心情:有时的确如脸上的笑容一样,心情愉快;但有时脸上的笑容只不过是一种伪装。或许你认为这是青春期孩子的常态。我曾有一个男朋友,在东欧长大,有一次,他给我看了他十几岁时的相册。我惊奇地发现,每张照片上的他、他的朋友们还有他高中时的女友,都噘着嘴皱着眉头——原来他们认为这样的表情才是最酷的。我也是从他那里知道了莱昂纳德·科恩这个名字。

事实证明,与世界上其他国家相比,美国人脸上的笑容最多。波兰心理学家库巴·克里斯(Kuba Krys)所做的一项研究表明,在日本、印度、伊朗、阿根廷、韩国和马尔代夫,微笑被视为不诚实、愚蠢或两者兼有的象征。许多文化认为,表达幸福会给人带来厄运，是自私、肤浅的表现，也是无聊甚至阴险的行为。据美国国家公共电台的播客节目《看不见的力量》报道，当麦当劳在俄罗斯开设第一家特许经营店时，当地员工看到美国员工表现出的那种快乐精神都感到困惑不解。"美国人在笑什么？"他们问。"我们在生活中都很严肃，因为生活太不容易。"一位员工说，"看到美国人微笑，我们总感到有点儿害怕。"

我想，他们之所以害怕，是因为他们知道那些微笑不是真心的，也不可能是真心的。美国人一直有一个大秘密，最近这个秘密才得以公开：与其他国家的人相比，我们并没有那么幸福，也没有我们表面看上去的那样快乐。美国国家心理健康研究所和《美国医学会杂志》的调查数据显示，在新冠肺炎疫情暴发之前，在我们国家的政治分歧成为焦点之前，大约有30%的美国人患有终生焦虑症，20%的人患有严重抑郁症，连续服用抗抑郁药5年以上的人数超过1500万人。

但是我们国家的各种文化仪式——7月4日国庆节、除夕夜、生日派对——都是庆祝各种诞生的文化，这些文化仪式并没有帮助我们在无常和悲伤中生活。我们没有墨西哥人专门纪念已故祖先的亡灵节；我们不会像日本人那样前往稻荷山写下自己的愿望，然后将其置于大自然中；我们不会像纳瓦霍人[①]那样把生活中的残缺美化作编织地毯的艺术；也没有日本人那样的侘寂艺术，把

[①] 美国印第安居民中人数最多的一支，散居于新墨西哥州西北部、亚利桑那州东北部及犹他州东南部。——译者注

残缺美融入陶器制作。心理学家比吉特·科普曼－霍尔姆（Birgit Koopmann-Holm）和珍妮·蔡（Jeanne Tsai）所做的一项研究表明，就连慰问卡都无法体现我们的悲伤。德国人选择的慰问卡通常为黑白卡片，上面通常印有"沉痛的悲伤""难以言表的沉重心情"等字样；相比之下，美国人通常会选择彩色卡片，附有诸如"爱将永恒"和"愿回忆带给你安慰"等积极内容。耶稣被钉死在十字架上，但我们关注的却是他的再生与复活。

我曾经读过一篇文章，讲述了一个偏远部落的习俗：儿子们到了青春期就会离开母亲，母亲们为了这一天的到来，每年都要放弃一些珍贵的东西为之做好心理准备。写这本书时，我的两个儿子一个10岁，一个12岁。如果我们这里也有这种习俗，那么在我的儿子们13岁之前，为了有充分的心理准备，我会放弃些什么呢？我的智能手机？我最喜欢的那条裙子，那条不需要熨烫就能穿着出席所有演讲的裙子？这是一个毫无实际意义的问题。我的两个儿子都很出色，他们长大成人能够独立了，我一定会万分高兴。但是我不想放弃我的裙子和手机，那么我准备好放开我的孩子了吗？

这些问题我考虑了许多年，最终我认为我的答案是肯定的。虽然会受到文化的影响，但是最终不论我内心获得了怎样的平静，都与这些文化无关。

***

从历史上看，美国一直自视为一个资源丰富的国家，一个具有无限自我创造力的开拓者，一个连马路都是用黄金铺就的国家。（至少冒险来这里的移民们是这样梦想的。）

然而，美国将其痛苦的故事都掩埋在了这一美好愿景之下。我们的"另类历史"主要有《独立宣言》，一份许多人顶着叛国罪的罪名签署的文件。如美国畅销书作家芭芭拉·艾伦瑞克在其著作《失控的正向思考》中所说，大多数签署人都在战争中失去了"生命、亲人和财富"。我们的"另类历史"还包括对美洲原住民的生活和文化的毁灭。这是一部充满血与泪的历史，渗透着奴隶制、全国性大悲剧和罪恶的鲜血与泪水：这是泪水的海洋，它掀起的波浪仍冲刷着我们的海岸。我们的"另类历史"还包括南北战争，这场战争造成的死亡人数是美国历史上前所未有的。除此之外，为了逃离饥荒和种族灭绝，大批移民漂洋过海来到这里安家，心照不宣地形成一个约定，永不提过去。

这些另类历史代代相传，渗透到人们的精神、家庭乃至整个民族之中。最新的表观遗传学研究（见第九章）表明，有些人已经将这些另类历史的影响通过 DNA 传给了下一代，也就是说，美国的婴儿，虽出生时细胞中就自带古老创伤形成的记忆编码，却要在成长过程中形成积极乐观的心态。

我们的文化中之所以存在"积极的暴政"，部分源于我们对美国的历史根源认识不足。美国最初的主流文化是由抵达新英格兰的白人定居者创建的，体现的是加尔文主义。加尔文主义是一种宗教学说，相信天堂和地狱的存在，认为只有命中注定的特定人群才能进入天堂，其他人只能进地狱。地狱是一个极其恐怖的

苦乐参半
+150

地方，许多孩子在看到那些对地狱的描写后，很长一段时间里都会噩梦不断。这样的宿命论也就意味着，你能进天堂还是下地狱，都是命中注定的，你无力左右。但你能做的是，通过不断努力，证明自己是那个注定能够上天堂的人。要做到这一点，你必须辛勤劳动，任劳任怨，永远不能为了享受而寻欢作乐。你不能怀有悲伤或欢乐——你只需证明你是成功者，从而赢得一张去天堂的单程票。

到了19世纪，美国进入了商业扩张时代，加尔文主义对美国文化的控制似乎松弛了些。早期定居者威廉·布拉德福德说，美国不再是当初"那片丑陋又荒凉的不毛之地，也不再是那个猛兽肆虐的荒野之处"，现在的美国人只要打开窗户，映入眼帘的便是条条公路和铁路。"我们为什么还要活在死人的骸骨中？"1849年，拉尔夫·华尔多·爱默生问道，"今天的阳光依然明媚，田间牛羊成群，庄稼茂盛。新土地、新人群、新思想，层出不穷。"

然而加尔文主义被新的"全国性商业宗教"取代。在这种"宗教"的影响下，你不再注定进天堂或下地狱，而是注定成为尘世间的成功者或失败者。作家玛丽亚·菲什（Maria Fish）在评论斯科特·桑德奇（Scott Sandage）的著作《天生失败者：从小人物身上汲取的教训》时说，这种新"宗教"是"对宿命论的重构"，将成功视为圣杯，将商业巨头视为大祭司、优秀的榜样。渐渐地，"如何做人"变成了"如何做一名商人"。1820年《北美评论》杂志警告农场主们"必须广泛参与买卖"并且"熟悉商业交易"，做不到的人"注定是一个失败者"。

"Loser"（失败者）一词在英语词典里至少有几百年历史了，没想到现在竟有了新含义。16世纪时，"失败者"只是指"遭受损失的人"。然而到了19世纪的美国，按桑德奇的话来说，"失败者"的意思变质了——是否是失败者，变成了人与人之间的本质区别。根据在线词源词典，这个词的意思是"经常失败的不幸之人"。看到他人的不幸，本应该引发人们的同情之心。如第一章中谈到的，"同情"一词的根本含义就是"与他人一起受苦"。但是现在"失败者"一词激发的不是对他人的同情，而是蔑视。于是，人们极力避免失败，不懈地培养成功者的心态，模仿成功者的言行。

将内在价值与外在财富结合起来，存在一个问题，那就是商业的成功是难以定义的。就算你能找到财富的圣杯，你能留得住它吗？现在是资本主义兴衰交替的时代。每一次经济扩张都能造就一批成功的商人，但这些商人在1819年、1837年、1857年和1873年发生的金融危机中，一夜之间惨遭打击。大部分人陷入绝望，有些人甚至自杀而亡。经历了这些，人们开始对美国文化产生了质疑。是谁导致这些人破产的？经济体系？糟糕的商业决策？运气太差？抑或，每个破产商人遭受的损失和悲痛都是因为他们灵魂中存在着某种神秘缺陷？

人们逐渐将失败归因于灵魂中存在的缺陷。一位立法者于1822年指出，"有些人的失败是由于人力无法控制的因素，但"这种因素所占比例一定相对较小"。用桑德奇的话说，"失败者"成了人人害怕的"鬼怪"。1842年，爱默生在一篇文章中写了一句至理名言:"人不会无缘无故地失败。一个人的运气好坏是有原因的,赚钱过程中的成败也同样是有原因的。"1846 年,一位波士顿演讲者也发表了类似的言论:"仅仅因为不可避免的不幸而导致的失败其实并没有人们以为的那么多,商业上的失败大多数情况下源于性格中存在的缺陷。"

如果仅仅通过看"一个人的内在性格"就能判断谁是成功者谁是失败者,那我们自然就会追求能够预示财富、胜利的性格特质,我们会努力让自己变得积极强大,成为一个成功者。

新思想运动开始后,最初的重点是利用心智的力量来治愈疾病,但是到了 19 世纪末,这种理念在世俗世界获得了普遍的成功。这场运动鼓励人们始终保持积极心态,相信有了神灵的宽容、宇宙的仁慈,疾病就可以得到治愈,人类也能够繁荣发展。新思想运动最终取代了加尔文主义,就连持有科学家谨慎态度的著名心理学家威廉·詹姆斯也认为这场运动虽然"过于推崇乐观主义",但是也涵盖了一定的"健康意识"。1902 年,他在其重要著作《宗教经验之种种》中感叹,因为有了这种新思想,"无数家庭重获快乐"。

詹姆斯还发现,这场运动完全否定了人们的悲伤情绪。他写道:"那时流行放松福音,流行'别担心'运动,人们起床穿衣时反复喊着'年轻、健康、充满活力!'作为自己的座右铭。那时候,许多家庭都严禁在家里抱怨天气,越来越多的人认为谈论令人不愉快的事,或给日常生活制造麻烦和烦恼都是没有好结果的。"

孩子们在这种氛围中也学会了被迫快乐。1908 年,一个组织（后来成了赫赫有名的童子军）要求其队员"学会看到生活的光明面，不管遇到什么任务都要愉快地完成"。同时提醒孩子们学会掩饰悲伤："感到悲伤时，应该立刻强迫自己微笑、放松、吹个口哨，这样你就会没事了。所以童子军们在训练时总是面带微笑，吹着口哨。这样的精神面貌不仅能够让孩子自己振作精神，也能影响他人，特别是在遇到危险的时候，有利于帮助大家渡过难关。"

然而，这种积极乐观的态度最广泛的应用却是在追求财富方面。1910 年，一则成功学函授课程的广告上面画着一个垂头丧气的"失败者"，广告词是："你被淘汰了吗？"还有些广告词树立了这样的成功者形象："穿库氏西服，走成功之路。"到了 20 世纪 30 年代，励志类书籍成了畅销书，如拿破仑·希尔所著的《思考致富》最终销量达数百万册。诺曼·文森特·皮尔在其畅销书《积极思考的力量》中建议读者："每当脑海中浮现出一个与你个人能力有关的消极想法时，请立即大声说出一个积极想法来抵消这个消极想法。"

即使在 1929 年股市崩盘和经济大萧条期间，这些倡导积极态度的理念依然存在。到了 1933 年，美国的失业率已经达到了 24.9%，近 20 000 家企业破产，4 004 家银行倒闭。尽管如此，失败源于"人的内在"的理念仍然根深蒂固。1929 年有一则头条新闻《失败者流落街头自杀身亡》。1937 年，有一篇关于一个人在汽车里自杀的报道："莱莉留下了一封遗书，称自己'一直是生活中的失败者'。"一位精神病医生在回忆那个时代的中产阶级患者时说:"每个人或多或少地都会把自己的过失、天赋不足或运气不佳归咎于自己。人们普遍认为这是自己的错,应该为自己的失败感到羞耻。"

到了 1955 年,"失败者"一词已然成为青少年使用的俚语、流行文化和学术研究的特色。"失败者"的形象多样,有漫画人物(如《花生漫画》中的查理·布朗)、平凡人物(如《推销员之死》中的威利·洛曼),还有演员(如伍迪·艾伦)。社会学家和新闻工作者,如大卫·里斯曼、小威廉·怀特,都写过关于失败者的畅销书。音乐家将失败者写进流行歌曲中,如弗兰克·辛纳特拉(Frank Sinatra)的《敬失败者》(*Here's to the Losers*),披头士乐队的《我是个失败者》(*I'm a Loser*)。美国歌手贝克(Beck)近期的一首歌表达得更直白:"我是一个失败者,你为什么不杀了我?"查尔斯·舒尔茨曾经说过,他在《花生漫画》中刻画的角色其实是他自己的不同方面。天性豁达的奈勒斯、脾气暴躁的露西、漫不经心的史努比……还有忧郁的查理·布朗,他是故事的主人公,也是整部漫画的核心,他真实地反映了我们每个人的内心,但他是我们永远没有勇气承认的一个角色。"我不知道这世界上究竟有多少个查理·布朗,"舒尔茨说,"我觉得我是唯一的一个。"

如今,社会对成功者和失败者的划分更加严酷。2017 年记者尼尔·加布勒在美国《沙龙》网络杂志上这样写道:"美国人把自己分成了两个鲜明的群体,即公认的成功者(和自封的成功者)和被成功者视为失败者的失败者。失败者是文化的弃儿,相当于印度的贱民……只有成为成功者才能获得尊重，拥有自尊。""成功福音"对"加尔文主义"这个词只字未提，它宣扬上帝会将财富从没有价值的人那里收回，赐予有价值的人。根据 2006 年《时代》杂志的调查，有 17% 的基督教徒完全认可"成功福音"，61% 的人赞同"上帝让谁富有谁就富有"这样的观点。根据谷歌书籍词频统计器（Ngram Viewer）统计的数据，自 20 世纪 60 年代以来，"失败者"一词的使用频率急剧上升。对成功者的崇敬和对失败者的蔑视塑造了美国前总统唐纳德·特朗普的世界观，他讽刺约翰·麦凯恩是个失败者，因他曾在越战中被俘。美国共和党和民主党虽然存在分歧，但是许多人（不管属于哪个党派）听到这一言论都备感震惊，但实际上特朗普只是本能地表达了我们的文化传统而已。

上述例子表明，这种文化传统已经渗透到了公共生活的大多数领域，包括宗教、政治。我们将在下一章中探讨这一文化传统对职场的影响，探索我们如何能够超越被迫积极的道德准则。不幸的是，被迫积极的文化传统在大学校园里也十分盛行，而这些学生毕业之后就成了职场的主力军。达特茅斯学院和南加州美国公民自由联盟的研究员通过研究表明，即使在新冠肺炎疫情暴发之前，许多大学里的学生患上焦虑症和抑郁症的比率也已经飙升，学生们不得不表现出快乐和成功的样子，因此承受的压力也急剧上升。最近，PhillyMag.com、ESPN.com 等媒体报道了一些大学生表面看起来很快乐、很成功，但内心却很纠结紧张的案例。宾夕法尼亚大学一位名叫麦迪逊·霍勒伦的学生在社交平台上传了一张看起来很开心的照片后不久，便自杀身亡。宾夕法尼亚大学还有一名学生差点儿自杀，《纽约》杂志报道说："因为时刻伪装得快乐的压力让她喘不过气来。"

这些报道勾起了我对往事的回忆。我记得我还在普林斯顿大学读书时，身边每个人的生活似乎都很完美。他们不像我，没有几乎发狂的妈妈，他们不用担心妈妈每天晚上打电话审问他们；他们不用哀悼逝去的美好过去，也不用憧憬想象中的朦胧未来。他们看上去已经到达了理想之地，而且似乎一直过着理想的生活。当然，我知道也有例外。那时候"夺回夜晚"（Take Back the Night）[①]游行刚刚开始，我了解了一些同学的故事。我目睹了我的室友，一个在美国印第安人保留地长大的孩子为了融入普林斯顿大学所做的一切努力。有时在校园中也能看到那些被人们普遍接受的悲伤，如分手之痛、父母离异带来的伤痛。

尽管如此，我还是想知道，普林斯顿大学与众不同、熠熠生辉的表面之下究竟隐藏着什么。大多数同学的真实感受是什么？他们是否失去了什么却又无法为之哀悼？那些失去，即心理学家所说的"被剥夺权利的悲伤"是什么呢？校园里几乎没人谈论这方面的问题。这种悲伤真的存在吗？

[①] 1977 年，彼得·萨特克里夫在英国利兹市出没，犯下了多起谋杀女性的骇人案件，面对多位女性接连被害的情况，利兹市选择实行针对女性的宵禁政策，面对这一政策，1977 年 11 月 12 日，利兹市的 60 位女性在夜晚一起走上街头，发起了"夺回夜晚"的游行活动，捍卫女性在晚上出行的权利。——译者注

我决定找出答案。虽然我无法回到过去，但我可以通过和现在的大学生交谈了解情况。如果我带上一个作家的笔记本，让学生们畅所欲言，问他们的生活究竟是什么样的，我会得到什么样的答案呢？

***

2月一个清新的早晨，在毕业将近30年之后，我又回到了校园：高耸的尖塔耸入云端，校园的拱门上爬满了常春藤，旁边斜靠着一辆辆变速自行车。当年我坐着父母的小汽车，挤在塞着行李箱和音响设备的后座上来到这所学校；而今，我自己开着车来到学校，后备厢里只放了一个小包，只准备在这里住一个晚上。上学时，我住在洛里-洛夫楼那间狭小的宿舍里，每天晚上要和母亲通电话；这次我入住了孔雀宾馆，距离校园几个街区。我很幸运能成为这里的一名学生，最幸运的是，我能够从这里顺利毕业。

毕业后，我与丈夫肯结了婚，生了两个儿子，从事写作工作，过着梦想中的生活。生活中虽然充满挑战，但我每天早上醒来时都心存感激。肯平时不是个有浪漫情怀的人，但这次他建议我给大一时的自己发一条信息。他说："告诉那个她，你现在一切都好。告诉她你现在有了自己的家庭，告诉她你成了一位作家，已经有作品出版。"我点点头，很喜欢他的这个建议。

毕业这么多年，普林斯顿大学好像在某些方面发生了变化，但并没有完全改变。环绕校园的小镇的中心仍然是帕尔默广场，那里到处是高端精品店，好像没有哪个重点大学城的布局如此随意。现在，学校里不同肤色、不同国籍的学生越来越多，印度餐馆和寿司店也多了起来，19世纪的哥特式建筑间点缀着闪闪发光的玻璃钢架结构的STEM①教学楼。不过，《花生漫画》里的查理·布朗要是来到这个校园，可能依然会感到格格不入。

我和一个学生相约在展望大道见面。展望大道汇聚着各种各样的饮食俱乐部，像"百万富翁区"里的豪宅一样，普林斯顿的学生们戏称这里是"吃货街"。这些饮食俱乐部是大部分大三和大四学生用餐和举行派对的地方，主导着大学校园的生活。我要去加农俱乐部见卢克，他是普林斯顿大学的一名大三学生，高中时他和一些朋友在我的公司实习过。

加农俱乐部的正面是学院风格的哥特式石砌墙，前院的草坪上陈列着一门与俱乐部同名的加农大炮；走进俱乐部，里面有深色的木墙裙，墙上挂着油画，不知画中的人物是哪个世纪的绅士，屋里散发着陈年啤酒的香味。加农俱乐部也是朴实的运动员们最喜欢去的地方。卢克细心又聪明，穿着熨烫平整的斜纹棉布裤和V领毛衣，他带我上楼来到一间公共休息室，里面摆放着一张会议桌和几张沙发。一群高大魁梧的运动员，身着队服倚在桌旁，双脚搭在桌上。卢克走过去告诉他们这个房间已经被他预订了。运动员们友好地站起来，问我们是否能让他们在外面的阳台上闲

---

① STEM是科学（science）、技术（technology）、工程（engineering）、数学（mathematics）四门学科英文首字母的缩写。——译者注

聊一会。卢克说当然可以,他们就去外面抽起了雪茄。

过了一会儿,卢克的朋友们来了,他们是佩姬、希瑟和尼克。佩姬是一名越野赛运动员,而其他几个都是"NARP",意思是"非运动员常客"——潜台词就是"尽管我不是运动员,但我也善于社交"。尼克是来自南佛罗里达的艺术史专业的学生,他戴着时髦的眼镜,手腕上戴着好几根手绳。我们刚一坐下,一种熟悉的忧虑感就突然袭上我的心头——可能是因为我有点儿社交焦虑,但更多的是担忧:"我大老远开车来到普林斯顿,要是一无所获怎么办?"也许学生们不会对我敞开心扉,也许他们会认为我的问题太奇怪,毕竟,这次谈话的目的就是要他们说出一般情况下他们不会说出来的事。或许他们的内心生活真的像当时我的同学们表面上看上去的那样闪亮。

谈话仅进行了大约两分钟后,我的担忧就消失了。这几个学生不仅不认为我的问题很奇怪,反而善于内省且乐于配合。他们讲述并解构了那些我在普林斯顿大学读书期间感到困惑的事情。他们称之为"轻松的完美":"表现得像无须付出吹灰之力,就能成为一个胜利者一样。"这种完美有多种表现形式。

尼克说,在学习方面,"你必须看起来好像虽然什么都没学,却是最优秀的。你要时刻在别人面前说你还有很多功课没做,但你学习的时候最好不要让任何人看见"。

在社交方面,"轻松的完美"是指你只需要露个面,表现得轻松自然,就能融入最高级的饮食俱乐部。他解释道:"当然,你要会喝酒,还要幽默有趣,但不要让自己显得很傻。你应该能够顺利地把话题继续下去，还要很会开玩笑。你可以有一些怪癖，但不能太怪。你必须与众不同，但又不能与群体格格不入。你应非常善于交际，还要做到很努力地在每门课程中都表现出色。你既要有侃侃而谈的能力，又要有畅饮啤酒的实力。好像其中存在一种运算法则，我也不知道是天生的还是后天培养的，我恰好符合这个运算法则。"尼克总结道，他最近成功加入了普林斯顿最负盛名的常春藤俱乐部。他的语气实事求是，像报道新闻一样，既没有自夸也没有自我辩解。

轻松的完美还应该掩盖所有失落、失败或忧郁。希瑟说："人人都会担心自己的声誉，担心别人对自己的看法。"如果你像尼克一样，不久前刚和父亲吵过架，"那么你一定会尽最大努力不让任何人知道。比如，我会努力克制，决不在脸上显露半点端倪，一如既往地该干什么就干什么"。如果你没能进入自己首选的俱乐部（比如卢克），你也不能把自己的难过情绪表现出来。佩姬说："来这个俱乐部的人中许多都是被其他俱乐部拒绝的人。但你看不出来谁被拒绝了，谁没被拒绝，他们不会将自己的悲伤情绪真实地表现出来。吃了闭门羹的人都不会谈论这件事，这个话题在学校一向讳莫如深。今天上午，他们公布了每个俱乐部的入会人数，但他们只讨论数字，不会谈论这件事对各自的情绪影响。"

这些社交准则对许多学生来说都很难做到，许多年青人因此承受了较大程度的压力，内心忧郁，充满渴望。即使你真的深陷悲痛之中，也要保持沉默、强装无事。我之后去了普林斯顿大学心理咨询和服务中心的治疗师安娜·布雷弗曼的工作室，她说，许多找她咨询的学生都直接或间接地处于悲伤之中。

"有的孩子要么缺乏父母的关爱,"她告诉我,"要么就是父母存在严重的个人问题。他们有的想知道,要是从小能够得到父母的关爱,自己现在会是什么样子;有的希望有一天家里的问题能够解决,自己能够生活在一个正常的家庭中。每逢假期来临,同学们会对他们说'回家一定很开心吧',他们只得说'对,我很开心'。但实际上他们并不开心。回到家可能会发生的事让他们感到悲伤。他们会想:'要是我能和家人一起度过一个美好的假期,那该多好啊!'这样的悲伤不亚于丧亲之痛。"

但是我们现有的社交准则要求我们必须隐藏这样的悲伤。"即使悲伤,你也要说一切都好。"布雷弗曼说。

这么多学生的内心都处于挣扎之中,更为讽刺的是,他们选择的倾诉对象竟是那些发誓为他们保密的校园心理治疗师。普林斯顿大学前副校长塔拉·克里斯蒂·金赛(Tara Christie Kinsey)在接受电台采访时,谈论了"普林斯顿透视计划",她说:"我和同事们都有固定的看诊时间,每天都会接待许多前来进行心理咨询的学生。我们聚在一起时经常讨论那些患有焦虑症、内心纠结的学生,这些学生总以为他们所经历的事情别人都没有经历过。而我们经常开玩笑说,如果早来 10 分钟,你就会听到和你的经历完全相同的故事。"

"轻松的完美"一词并非源于普林斯顿大学,而是 2003 年的杜克大学,最初专指年轻女性要表现出的完美:聪明、漂亮、苗条、受欢迎,假装什么都不用做。但随着其他学校的学生创造出了各具特色的术语，这个词的概念很快扩大了。宾夕法尼亚大学创造出了"宾州脸"，意思是不管真实感受如何，学生们的脸上始终要展现出微笑和自信。斯坦福大学创造了"鸭子综合征"，指每个人都像鸭子一样，表面上看能在湖面上游得四平八稳，但实际上它们的脚正在水下疯狂地划动。这样的社交准则产生了深远的影响，学生们甚至在脸书上创建了一个私密群组，名为"斯坦福大学，我曾哭过的地方"。这个群的主页上写了一句俏皮话："向世界上最幸福的地方致敬。"斯坦福大学就是这样标榜自己的。据我所知，这个群目前已经有 2 500 名成员。另一个主页"斯坦福大学，我曾微笑过的地方"只有 40 个成员，最后干脆解散了。

"轻松的完美"这个术语源自美国的精英大学绝非偶然，因为大学里的年轻成功者都要努力保住自己的成就。也就是说，这个词诞生于一个充满焦虑、抑郁和校园自杀率不断上升的时代，也绝非偶然。这种现象其实无关完美，而是关乎能否取得胜利，关乎你能否成为一个成功的人，关乎你能否高高抬起头颅，回避生活中的痛苦，关乎你如何避免沦为一个失败者。"轻松的完美"可能是美国大多数大学里的热门词汇，是自美利坚合众国成立以来我们共同拥有的文化压力衍生出的一种现象。再加上社会不平等和社会冲突等现象日益严重，在这样的环境中，成功者本来就屈指可数，你还要强装自己是成功者，那么你面临的压力也必然会与日俱增。

我想知道，当我坐在普林斯顿大学心理治疗师安娜·布雷弗曼面前与她交谈时，她是否意识到了她其实是在和过去的那个我交谈，她是否感觉到，我也是一个希望回家过一个"完美假期"的学生，我也是一个认为只有自己才有如此感受的学生。她是否知道，即使我知道别人和我有相同的感受，我也不会得到安慰，因为我只会认为那个人也有问题，是"人的内心"有问题？

这些学生——以及我们所有人——在长大成人，走向职场，组建家庭，走上人生路之后会怎样？我们如何才能把内心深处的悲伤和渴望视为人性固有的特征，而不是什么不可告人的、毫无价值的东西？我们如何能够认识到，无论是失败还是成功——即生活中的苦与乐——只有接受才是超越的关键，是人生意义、创造性和快乐的关键？

本章开头为大家介绍的心理学家和管理思想家苏珊·戴维教授，一生都在努力寻找这些问题的答案。

第六章

超越职场的积极原则

———— * ————

我打算买一本《积极思考的力量》,可我转念一想:"看了又能有什么用?"

——罗尼·沙克尔思

苏珊·戴维曾给许多客户,如联合国、谷歌公司和安永会计师事务讲授关于"情绪灵活性"的课程。她将"情绪灵活性"定义为:"不再极力隐藏自己的困难情绪和想法,而是勇敢面对,富有同情心,超越这些情绪,进而改变生活。"她通过对全球现有职场文化的观察发现,许多人还像她 15 岁时一样:那时的她在失去父亲后,在众人面前仍要强颜欢笑;而当独自一人时,她悲伤得连吃冰激凌都会吐。她看到了职场中盛行的"积极的暴政",在这种暴政之下,你永远不能在工作中哭泣,如果实在忍不住,那就躲在卫生间里悄悄地哭吧。

苏珊认为这是一个严重的问题——不仅因为悲伤的情绪能让我们更清楚地看到生活苦乐参半的本质,还因为如果我们不允许自己有困难情绪,如悲伤和渴望,这些情绪就会在关键时刻让我们受到伤害。苏珊做过一次 TED 演讲,非常受欢迎。她告诉观众:"情绪抑制方面的研究表明,你若是对自己的情绪采取置之不理或忽视的态度,这样的情绪就会越来越强烈。心理学家称之为'放大效应'。这就像你放在冰箱里的那块美味的巧克力蛋糕一样——你越是努力忽视它……它对你产生的诱惑力就越大。对于那些你不想表达的情绪,你可能自以为是你控制了这些情绪,但实际上是这些情绪控制了你。内心的痛苦总是会浮现,是无法控制的。那么,我们如此抑制情绪,谁将为之付出代价呢?是我们——我们的孩子,我们的同事,我们的社会。"

她强调这样说不代表她"反对快乐",她也喜欢快乐。我和苏珊是好朋友,我可以证明。她生性乐观,温柔热情,喜欢笑,笑起来时脸上还有一个可爱的酒窝。"嗨,美女。"她写给我的电子邮件经常这样开头,感觉就像是用语言给了我一个拥抱;她对生活和爱始终张开双臂,什么都愿意接受。我想这是因为苏珊看到人们能够理解她要传递的信息,因此非常高兴。人们向她敞开了心扉,把自己不想面对的事情都告诉了她。他们告诉她:"我不想心碎。""我不想失败。"

"我明白,"苏珊说,"但这是死人才能实现的目标。因为只有死人才没有任何压力,永远不会心碎,永远不会经历失败,永远不会失望。"

* * *

苏珊一生都在致力于帮助他人学习如何接受悲伤、渴望和各种"困难"情绪,并教他们如何将这些情绪融为一个整体。她并非唯一致力于这一事业的人。那些失败者和成功者的故事主要是由商业文化书写的,而现在,一种新的叙事内容正在诞生。组织心理学家彼得·弗罗斯特（Peter Frost）写了一篇论文——《为什么同情很重要》，颇具影响力。他在文中指出，痛苦是大多数宗教的核心，但现在人们却被禁止在工作中表达痛苦。他写道："如果真如佛陀所说，痛苦是人类境况中可选择但是不可避免的一部分，那么我们就应该把痛苦视为组织生活中的一个重要方面。我们的理论中也应该反映这一点。"受此启发，一批组织心理学家在弗罗斯特和密歇根大学组织心理学家简·达顿（Jane Dutton）的领导下，成立了一个协会，致力于实现一种新的愿景，即"使组织成为人们表达同情心的场所"。他们将这个协会称为"同情心实验室"，目前由密歇根大学学者莫妮卡·沃莱恩（Monica Worline）管理，她与达顿合著了一本关于在工作中表达同情心的重要著作。

同情心实验室的两位成员——管理学教授杰森·卡诺夫（Jason Kanov）和劳拉·马登（Laura Madden）做了一个有趣的项目，他们梳理了卡诺夫之前在研究社交脱节时所做的职场人士访谈记录，他们发现：第一，采访记录中充满了人们在工作中经受的痛苦和折磨，如恐慌、关系不融洽、缺乏价值感；第二，受访对象在描述自己的经历时很少用"痛苦"或"折磨"等词语——他们明明是焦虑却说自己很生气，他们明明很难过却说自己很沮丧。卡诺夫告诉我："职场中存在着一种普遍、常见的痛苦，一直没有引起人们的注意。我们认为职场人士是不被允许承认自己的痛苦的。但实际上，我们所承受的痛苦比我们应该承受的、比我们能够承受的多得多，因为我们低估了痛苦对我们产生的实际影响。"

卡诺夫说，有些痛苦在职场中表达出来要比在其他地方表达出来更容易被社会接受。"如果一个人的悲伤是由一些突发事件引起，同时是普遍的痛苦（例如，亲密家庭成员突然离世，或者是遭受无法控制的灾难），那么人们更有可能在工作中承认并表达他们的痛苦。而工作中那些长期忍受的痛苦、那些日常痛苦，如由人际关系中的挑战、经济困难、无生命危险的疾病、工作压力、办公室里的钩心斗角、管理不善等引发的痛苦，通常是在工作场所中遭到抑制和/或无法说出的痛苦，而这种痛苦在职场中蔓延甚广。"

除了同情心实验室，企业领导者也开始关注员工的情绪状况。"带着完整的自己去上班"以及"失败的馈赠"（*The Gift of Failure*，这是杰西卡·莱西的一本著作的名字）的思想已经成为主流。《哈佛商业评论》上时不时就会发表一些文章，阐述领导者富有同情心的种种优点。管理学界甚至开始强调忧郁型领导者具有的独特优势。

研究人员早就发现，领导者的情绪会影响我们对他们强大程度的感知。我们通常认为，在面对具有挑战性的情况时，表现得愤怒的领导者通常比那些表现得难过的更强大。事实上，我在查找苦乐参半型人物的杰出代表时，发现有创造力的人物比比皆是，而商业领袖却寥寥无几。我怀疑，这并不是因为忧郁型管理者很少，只是因为这种类型的管理者都没有公开表现出自己的忧郁。2009 年，管理学教授胡安·马德拉（Juan Madera）和

D. 布伦特·史密斯（D.Brent Smith）通过一项研究发现，领导者如果表现出悲伤的情绪而不是愤怒的情绪，有时能产生更好的结果，如与下属建立更牢固的关系，也能更有效地感知自己的领导力。

慕尼黑工业大学的研究员塔尼娅·施瓦茨穆勒（Tanja Schwarzmüller）想弄清楚究竟是什么导致了这样的结果。组织心理学家长期以来一直在研究领导者具有的各种能力：有些领导者拥有其地位所赋予的能力（如对何时奖励、何时惩罚的感知能力），还有些领导者倾向于发挥个人能力（如激发他人认同他们的领导力、赞同他们的决策的能力）。研究人员还发现，人们通常认为易怒的领导者比较积极和自信，而忧郁型领导者虽然比较胆怯、缺乏自信，但是更热情、更富有同情心，也更受人喜欢。

基于这些研究，施瓦茨穆勒及其团队提出假设：易怒型和忧郁型领导者之间的区别不在于能力的差距，而在于这些领导者的能力类型。为了验证这一假设，他们进行了一系列测试——他们让受试者观看视频，视频中一个虚构的公司财务状况不佳，由演员扮演的领导者正在发表相关演讲。易怒型领导者演讲时眉头紧锁，眯着眼睛，声音高亢，拳头紧握；忧郁型领导者自然而立，双臂轻松垂下，语调缓慢而忧郁。研究人员发现，受试者认为易怒型领导者具有奖惩员工的能力——换句话说，他们比忧郁型领导者的地位权力更强。但忧郁型领导者往往拥有更多个人权力。根据受试者的反馈，这类领导者更能激发下属的忠诚度，更能得到他们的支持,而下属也更易产生"被接受和被重视"的感觉。

虽然在这项研究中,领导者是由演员扮演的,下属是由受试者充当的,而不是实际生活中的领导者和下属,但研究仍具有一定意义。研究结果显示了忧郁型领导者可能真正拥有的特殊权力。在某些情况下,例如,当一个组织面临外部威胁的紧急情况时,领导者表现出愤怒情绪可能更能有效地解决问题。而在其他情况下,比如召回一款对客户有害的产品,苦乐参半型领导者可能更合适。(事实上,2009年马德拉和史密斯通过研究验证了上述情况,发现同时具备易怒和忧郁特点的领导者领导力最佳。)施瓦茨穆勒接受 Ozy 数字杂志采访时说:"如果下属把一个重要项目搞砸了,领导者最好说'发生了这样的事我也很难过',而不是说'你把项目搞砸了我非常生气'。个人权力能够激励下属为了你们的共同目标而努力,因为他们喜欢你。"

我们接受的教育告诉我们要专注于自己的优点,而不是弱点,但我们不应该把苦乐参半的心态或者悲伤等"消极"情绪等同于弱点。事实上,一些自我意识很强的领导者都敢于面对自己的悲伤、不足和急躁的脾气,并且懂得如何将这些情绪融为一体,使自我更加完整。

例如,在风险投资家蒂姆·张的帮助下,硅谷诞生了一批成功的初创公司。多年来蒂姆观察到,人们创建的公司和团队不仅反映了他们的价值观和优势,同时也反映了他们的核心创伤。他告诉我,伟大往往来自在适应致命打击过程中形成的一种"超能力"。但是那些想从"失败者"变为"成功者"的人，往往低估了这种超能力。他说："在硅谷，很多人都会对自己的失败表现进行过度补偿——也许这才是人类创新的真正动力。在那些我们被否定的事情上，我们却最为热衷，这种现象在我们组建公司和团队时最为常见。如果你曾有过被霸凌的经历，那么你的一生可能都会反抗那些欺负过你的同龄人或家庭成员。如果你内心存在深深的不安全感，作为领导者你可能就会雇用很多唯命是从的人。"

蒂姆决定通过指导、治疗和同事们给出的最坦率的360度评价，对自我进行探究，结果令人深省。他告诉我，他是"虎妈虎爸教育下的产物，外界的认同是他们唯一的育儿规范——取得好成绩，世界就会眷顾你。于是你总是在寻求外界的认可，你只有在他人规定的评价体系获得最高分，才算有价值。"在成长过程中，他虽然知道父母爱他，但他们从未直接表达过，也没有"平白无故的拥抱"，他们希望他内心强大，为走向严酷的现实世界做好准备。即使在他从斯坦福商学院毕业并成为风险投资家后，他仍常常怀疑自己："我连自己的收支平衡都保证不了，如何帮助别人管理钱财？"蒂姆说："至今我还清楚地记得我登上《福布斯》全球最佳创投人榜的那一天，直到那时我的父母可能才终于放心：'也许这孩子知道自己在做什么。'"

蒂姆是一个善良、有创造力、敏感的人，典型的苦乐参半型。（在苦乐参半小测验中，满分10分，他得了6.5分。）他曾经一放学就跑到山上，躺在地上凝视天空中的云朵，思考生命的意义。他本想成为一名职业演员或音乐人，但这在他的家庭是绝不被允许的。在早期的职业生涯中，他经常感觉自己在商界就像一个伪装者。

了解了蒂姆的秉性和教养，你会发现他是一个充满创造力和同情心的人，"非常善于通过协作和头脑风暴与他人快速建立联系"，是一个充满个人力量的人。但你也会发现他也是一个渴望获得他人认可和关爱的领导者，力求避免冲突，不惜一切代价寻求和谐，但得不到理解。企业家喜欢与蒂姆合作，不仅因为他才华横溢，还因为他富有同情心，乐于助人。但蒂姆意识到，他吸引的并不是那些最有前景的企业创始人，而是那些迫切需要帮助或者看中他所具有的创造力的人，是他们给予了他一直渴望的被认可感。

只有了解自己的行为模式——接受自己的本性，整合自己的世界，为自己热爱的创意项目留出时间和空间——他才能更真实、更敏锐地进行投资。职业生涯早期，蒂姆坚信他只能投资别人眼中的热门领域。而现在，他开始探索如何在他自己热爱的领域里投资，特别是具有创造性的游戏、娱乐、音乐和生物黑客等领域。他开始将自己的创作兴趣与工作融合在一起。（他说，他的乐队 Coverflow 的演出已成为硅谷各种会议结束后派对上的固定节目，这也是他与顶级创始人和初创公司建立联系的独特方式。）他告诉我："为了做别人眼里正确的事，我不得不委屈自己；但现在做了真实的自己以后，我的内心获得了更多安宁。"

劳拉·尼埃是"助领"公司的联合创始人。作为公司领导人，她也曾有过痛苦的经历和困难情绪，但她接纳了这些经历和情绪，使自我变得更丰富、更完整。和蒂姆一样，劳拉也以为自己是一个缜密周到、富有同情心的领导者——这是她理想中的领导者。但任职几年后，她意识到自己存在问题。当她必须给予员工负面反馈时，她总是借口需要时间收集更多数据，拖延反馈时间。有时，她根本找不到反馈的机会。然而，最终，真相总会浮出水面。劳拉会对表现不佳的员工表现得态度冷漠，或者生闷气。对于她的这些行为，员工们反而会感到莫名其妙，他们不知道老板究竟怎么了，渐渐对她失去了信任。这样一来，我们看到了两个完全不同的劳拉：一个劳拉处处为员工着想，期望创造良好、积极的工作文化；而另一个劳拉，在工作中却营造出了与之完全相反的工作氛围。

巧合的是，劳拉公司的业务就是帮助人们解决这类问题，帮助团队和个人克服自己的"限制性行为"和"根深蒂固的功能障碍"。她决定按照公司的流程解决自己的问题——先从审视自己的童年开始。4岁时，全家从巴黎搬到蒙特利尔，她进入了一个完全陌生的学校。她渴望获得人们的喜爱和接受，可是，她长着一头浓密的小卷发和一双扁平足，不得不穿那种高帮的难看鞋子。在小学的"等级制度"中，她属于"二等公民"。

我们都知道，童年经历会对我们的成年生活产生重要影响，只是我们不知道，这些经历将会如何影响我们未来的生活。劳拉早就知道，正是上学时的痛苦经历，让她成了一个富有同情心的领导者。但她花了很长时间才意识到，也正是这些经历让她变得冷漠无情。改变现状、勇往直前的唯一办法就是直面完整的自我，包括那些她还看得"不够透彻"的部分。她意识到自己多年来一直给自己找的借口就是，自己"太友好"了，所以不忍心给下属负面反馈。其实，她不仅"太友好"，她还很害怕——她害怕批评下属后，下属会讨厌她；她害怕再次成为小时候那个不招人喜欢的女孩。

"只表扬不批评时，"她告诉我，"我有一种被人喜欢和被人接受的感觉。这是我的真实感受。可能他们并没有因此更喜欢我，但我以为他们会因此而喜欢我。然而，事实是，在我努力让别人喜欢我的过程中，我却将他们推得越来越远。"

劳拉必须明白，要想做一个善良的领导，首先要做到坦诚，不仅要对员工坦诚，还要对自己坦诚。更重要的是，她必须认识到，现在的自己并不是一个"失败者"，那个长着浓密的小卷发和因为扁平足不得不穿矫正鞋子的自卑的她已经不复存在了。

商业领域媒体总是在提出各种建议，教你如何最有效地向员工提供反馈和建议。这些建议大部分都是以反馈接收者的心态为核心，这是可以理解的：为了员工的发展，作为领导我们应该直截了当，应该给予有建设性的批评。但劳拉的故事提醒我们，所有互动都是建立在双方都具备情感灵敏性的基础之上的。我们每个人都有自己的过往，都存在可能触发情绪的因素，当谈论棘手问题时，这些过往和情绪都会影响我们的反应。我们越是能够接受自己的全部，越有可能管理好自己的情绪。提供反馈的人，如果自己都做不到内心平静，就不可能让接受者平静地接受反馈。

＊＊＊

也许你会想，这些方法可能在相对平和的工作环境还算适合，但不适用于那些比较混乱的环境，如海上石油钻井平台。在此，我想为你们介绍一个人，他叫里克·福克斯，在墨西哥湾的壳牌公司石油钻井平台上当了多年领导，是个极富魅力的人。《看不见的力量》中有一期精彩的节目专门介绍了这座钻井平台。据这期节目所说，这里盛行的是男子汉文化，没人会谈论自己的悲伤，即使有不懂的问题，也不能问。总之，你永远不能显露出自己软弱的一面。

一天，我给里克打了个电话。一开口，他那深沉、富有磁性的声音就给我留下了深刻的印象，他听起来就像乡村歌手和先知的混合体。和钻井平台上的其他人一样，他也是一个强壮坚韧、沉默寡言的人。40岁时，他面临着两个巨大的挑战：第一个挑战是员工们即将去另一个深水钻井平台，那个平台更大也更危险，但他却不知道如何确保员工们的安全；第二个挑战是他进入青春期的儿子罗杰不再理他了，两人经常"吵得不可开交"，但里克连为什么都不知道。

不过，最终他成功地实现了他所谓的"大飞跃"。他聘请克莱尔·尼埃作为顾问，她是劳拉·尼埃的母亲，也是劳拉公司的联合创始人。他把遇到的问题，如平台的工期问题、每天的石油产量问题，都告诉了尼埃。尼埃却让他忘掉这一切，正视自己真正的问题：恐惧。他的工作性质，他要管理那么多员工，还要保护他们的安全，这一切都让他感到害怕。尼埃说，他越能尽早承认这一点，就越能解决好管理方面存在的问题。

里克又与尼埃签订了一个拓展协议——他把他的老板、员工，甚至儿子罗杰都带到了她面前。尼埃鼓励他们相互交谈，从上午 9 点到晚上 11 点，连续 9 天不间断地谈心。他们敞开了心扉，相互诉说自己痛苦的童年、婚姻中的问题，以及孩子的病情。他们时而哭泣。他们有的抗拒，有的不满，但许多人都感到如释重负。

里克意识到，他越是努力地把自己塑造成一个无所不知、无所不能的领导者和父亲，他的团队——以及他的儿子——就越对他没信心。由于他们并非无所不知，也不可能永远坚强，于是他们得出结论，与"胜利者"里克相比，他们是"失败者"。里克这才意识到，他一直努力塑造的那个完美、没有痛苦的领导者形象，其实只是一个假象。事实上，他只是把自己的痛苦转嫁给了员工和家人而已。

里克没见过自己的父亲，是母亲孤身一人含辛茹苦地把他抚养长大。对于自己的成长经历，他从来闭口不谈，然而他这套坚忍克己、自我否定的生活准则却在潜移默化之中渗透到了罗杰身上。罗杰从小就喜欢把自己和父亲进行对比——父亲如此坚不可摧，让他难以企及，他对自己内心深处的不安全感感到羞愧，对自己学无所成感到羞愧。他在《看不见的力量》节目中说："我还记得我第一次听到十字螺丝头这个词时的情景。爸爸说：'去给我买一把十字螺丝头来。'当时我根本不敢问爸爸'十字螺丝头是什么'，于是我来到商店，买一样我根本不知道是什么的东西,进退两难,而这只因为我不想在爸爸面前表现得一无所知。"

一段时间后,使悲伤常态化的方法起了作用。平台上的这些人彼此之间开始产生真情,他们愿意承认工作中存在的问题,乐于相互分享意见。最终,钻井平台的生产力水平大幅度提高,事故率下降了84%。他们取得的成效如此显著,以至于哈佛商学院教授罗宾·埃利(Robin Ely)和斯坦福大学教授德布拉·迈耶森(Debra Meyerson)将他们的故事作为案例进行研究。

里克的家庭生活中也发生了类似的奇迹——他们的父子关系得到了修复。他和罗杰成了亲密的朋友,里克在《看不见的力量》节目中说,罗杰现在是一名精神病医生,里克很庆幸罗杰能早早说出自己的真实感受,而不必像他一样等到40岁才有这样的机会。"我儿子十分有魅力。"他说,"和他在一起的时光总是充满快乐。"

* * *

诚然,心平气和地把内心的伤痛和不满呈现出来是一回事;而在公共场合,当着同事、老板和直接下属的面表达伤痛和不满又是另一回事。有些人认为里克·福克斯经历的故事听起来有些可怕,并不适合自己。作为一个自认为内向的人,我对这样的事情始终持谨慎态度。2018年,同情心实验室的另一名成员,美国巴布森学院组织心理学家凯里·吉布森(Kerry Gibson)做了一项名为"敞开心扉有时也会伤人"的研究,发现管理者向下属透露自己存在的问题可能会动摇自己的领导地位,削弱作为管理者的影响力。也就是说,当我们挑战积极的暴政时,我们应该注意自身的角色、个人喜好和组织文化。

那么，有没有什么办法能够创造一种工作文化，使我们能够在潜移默化中超越积极的暴政呢？我们能否将"人类的悲伤是不可避免的"这一观念渗透到工作文化中呢？我们能否促使人们学会带着同情心回应别人？

2011年，同情心实验室的几位学者发表了一项研究报告，介绍了一个出色的组织，密歇根州杰克逊社区医院的计费部门。这个部门的工作人员从事着一项乏味的工作：从病人那里收集未付的账单。你恐怕再也想象不出比这更乏味的工作了，员工流失严重也是该行业普遍存在的现象。然而，这个名为中西部地区医疗账单的单位却创造了一种文化，在这里，人们将个人问题视为每个员工生活中的正常现象。这样做非但不会贬损团队成员的内在价值，反而可以给予成员间相互表达同情心的机会。如果有工作人员遭遇母亲去世、离婚和家庭暴力的痛苦，他们能够相互关心照顾。哪怕是有人感冒了，员工们也会互相帮助。一个员工这样说："假如你过去没那么富有同情心，等你来到我们这里工作后，你就会发现在这里工作的人感觉有多么好。人们会因为帮助他人而感到兴奋，我想即使你以前不习惯给予他人同情，在这里久了，馈赠同情心也会成为你的一种新常态——任何事做得多了，都会成为一种常态。"另一位工作人员回忆说：

> 我一直和母亲相依为命。有一天，我母亲突然去世了，我顿时跌入了人生谷底。我记得当时我对舅舅说：'我要回去

上班，我想忘掉这一切。还有另一个原因，那就是我周围有一群愿意拥抱我的人。'……至今，我都不敢正视拉蒂莎的眼睛，因为她当时（我母亲去世后）的表情仍然历历在目。我真没有想到，当时同事们给予我的同情和关爱，是我真正需要的爱。我感受到了莫大的幸福。

事实证明，把烦恼倾诉出来不仅对心理健康有益，而且有利于提高工作效率。在此项研究开始后的 5 年里，中西部医疗账单这个团队收集账单的速度是之前的两倍多，超过了行业标准。该部门的员工流动率仅为 2%，而中西部卫生系统员工的平均流动率为 25%，整个医疗账单行业的员工流动率更高。

苏珊·戴维认为，这些研究清楚地说明了一个问题。她说："企业通常会努力给自己打造一个安全、创新、协作和包容的形象。但是安全往往与恐惧并行，创新往往与失败同行，协作往往与冲突共存，包容往往与差异同在。应对这一切就需要具备苦乐参半的心态，需要将苦乐参半的心态常态化。"

即使你没有机会在中西部医疗账单创造的文化中工作，你也有其他方式能够超越积极的暴政，接纳自己的各种情绪，如悲伤、渴望等。1986 年，得克萨斯大学社会心理学家詹姆斯·彭尼贝克（James Pennebaker）进行了一系列里程碑式的研究，这些研究不仅与苏珊·戴维的研究产生了异曲同工之效，同时也解释了她的生活经历。彭尼贝克大学毕业后不久便步入了婚姻的殿堂。然而婚后，他和妻子矛盾不断，他开始喝酒抽烟，情绪变得低落，慢慢地将自己的内心与这个世界隔绝。有一天,他随手写了点东西——不是什么长篇大论,也不是什么鸡汤短文,他只是把自己内心的感受写了下来,就像苏珊拿着老师送给她的笔记本开始书写一样。他发现,他写得越多,感觉就越好。他再次向妻子敞开了心扉,并积极投入到工作之中,情绪也不再那么沮丧低落了。

彭尼贝克决定潜心研究他所经历的一切,于是在此后的40年里,他孜孜不倦地从事着这方面的研究。他得出的结论令人震惊。在其中一项研究中,他将受试者分成两组,要求一组受试者每天花20分钟,把生活中遇到的挫折都写下来,连写3天,他们写了自己遭遇的性虐待、分手、父母的遗弃、疾病以及面对的死亡;另一组则只需记录自己的日常生活,如穿了什么鞋、吃了什么饭。

彭尼贝克发现,把自己在生活中遇到的烦恼写下来的那一组受试者,明显比那些只记录自己日常生活的受试者更冷静、更快乐。坚持几个月后,他们的身体变得更健康了,血压降了下来,去医院就诊的次数也减少了。他们在工作中与同事建立了更和谐的关系,事业也更成功。

此外,彭尼贝克还对一批高级工程师进行了一项研究。这些工程师4个月前被达拉斯的一家计算机公司解雇,心情极为沮丧。他们大多数50多岁,把青春都献给了这家公司。被辞退后,他们都没有找到新工作。

彭尼贝克也把他们分为两组。他让其中一组写下他们对未来的愤怒、羞愧和恐惧,而让另一组写下生活中遇到的一些不痛不痒的事。研究结果再一次令人难以置信——几个月内，那些把自己的情绪书写下来的人，找工作的成功率是对照组的3倍。

我听说了彭尼贝克的研究结果后，深有感触，可能是因为这些研究结果也精准地反映了我自己的经历。我十几岁时写的那些日记，导致我和母亲的关系彻底决裂。然而，也正是写日记这一行为挽救了我。正是通过日记的字里行间，我对自己有了全面的认识和理解——我不仅了解了当时我是什么样的，我也明白了我想成为什么样的人，以及最终我可以成为什么样的人。

大学期间和成年生活早期，我通常把日记本放在一个破旧的红色背包里，拉上拉链，还要上一把锁。因为那个时候的我，居无定所，不是住宿舍，就是住合租公寓。我走到哪儿，就把包背到哪儿。然而有一天，我把包弄丢了——其实是被我忘在公寓的衣柜里了。然而，可能是因为我生性健忘，也或许是因为这些日记已经完成了它们的使命，我从那时起就不再需要它们了。

彭尼贝克开始他的研究时，可能并没有想到加尔文主义及其倡导的"要么做一个快乐的胜利者，要么做一个可耻的失败者"的文化带来的后遗症，但他的研究却含蓄地否定了加尔文主义的观点。表达性书写（expressive writing）鼓励我们不要把自己遭遇的不幸视为缺陷，认为自己不适合获得世俗的成功（或理想的天堂），而应该把不幸视为助我们成长的种子。彭尼贝克发现，那些将内心世界倾注到纸上并因此获得身心成长的书写者，倾向于使用诸如"我学会了""我突然意识到""我现在明白了""我理解了"之类的字眼。他们并不仅是把自己的不幸在纸上一吐而快，而是从不幸中学会了洞察生活。

如果你对表达性书写感兴趣，我推荐你培养一个新的日常习惯：找一个空白笔记本，打开，开始书写，写下你经历的痛苦或者你感受到的快乐。

如果你今天过得很开心，又不想深度挖掘自己的内心，就把这些让你感到快乐的事写下来。在我的写字台上，贴着一句名言："生活需要吟诵。"（It's urgent to live enchanted.），这句话出自葡萄牙作家瓦尔特·乌戈·梅（Valter Hugo Mãe）的一首诗。我用这句话提醒自己时刻关注生活中的一切美好。

如果你今天过得很糟糕，也要把自己的情绪写下来。写下问题之所在，你对此有什么感受，以及为什么会有这样的感受；写下你感到失望或被人背叛的原因，写下是什么让你感到害怕。如果你能写出解决问题的方案，那最好，但那并不是必需的。你也不需要有多么优美的文笔，只需要坚持书写即可。

就像苏珊·戴维自从15岁那年失去父亲后就坚持书写一样，你也可以按照她传授的方式书写。

* * *

某年10月，我和苏珊到里斯本参加"美丽商业之家"会议，其联合创始人之一是思想家和梦想家蒂姆·勒贝雷赫特（Tim Leberecht）。蒂姆·勒贝雷赫特是一位德裔美国人，著有由葡萄牙语写成的《商业浪漫主义》一书。本次会议的理念是：在智能机器和算法时代，"人性是最大的微分器"。会议在一座19世纪的宏伟宅邸中举办，里面的房门上都被贴上了不同的指示牌，如深度情感室、咨询处和人性研究办公室。苏珊到这里来是为了举办她颇具个人特色的工作坊。

  本次会议的议程有"向圣母致敬十二次"、"送葬曲"和"无声派对"等活动，于周六晚上正式开幕。会议的第一场活动是一次沙龙，主题是"小调中的大欲望：论忧郁、悲伤和伤痛，商业中的终极禁忌与最大生产力"。沙龙以表现渴望的葡萄牙法多音乐表演开始。

  我做过多场关于"如何发掘职场内向者未开发的才能"的演讲，参加过无数次商业会议，但从未见过哪个会议像这样公开探讨忧郁、悲伤和伤痛。如果你想举行一次会议，探讨苦乐参半在人类发挥创造力方面的作用，里斯本一定是一个理想的地方。里斯本的街道用鹅卵石铺就，古朴美丽；由于邻近海边，空气中有一股淡淡的咸味，也可能是源于数百年来女人们为沉船中的亡夫流下的眼泪。法多表演的核心就是一个充满渴望地凝视着大海的女人，这是"saudade"在音乐中的表达形式，这个词在葡萄牙语中表示一种亲密、忧郁的渴望，夹杂着欢乐和甜蜜（见第二章）。"saudade"定义了里斯本这座城市，有无数咖啡馆、糕点店和音乐酒吧与之同名，这是葡萄牙人的灵魂之钥。

  蒂姆身材高大、温文尔雅、热情友好。他说自己的默认状态就是"舒适的悲伤状态"。"你多久快乐一次？你多久悲伤一次？"他反问，"大部分人悲伤的时候多于快乐的时候。"

  在美国，这类谈话会被归于忏悔的范畴。但蒂姆说，在欧洲，

"会专门培养人们形成这种看待事物的视角。例如特吕弗和安东尼奥尼的电影都在传达这种观点。我最近在洛杉矶的高速公路上开车时都会听巴赫的音乐,在洛杉矶听巴赫的人很少见"。

沙龙开始时,蒂姆给大家分发了"悲伤小饼干"。这种饼干和普通的幸运饼干差不多,只不过一面印着"美丽商业之家",另一面印着一些有关悲伤的良言警句。

"懂得适应的人,"我的饼干上印着,"能在黑暗中前行。"

* * *

苏珊以前举办过多次工作坊,不计其数的人从中受益,夸赞参加工作坊的时间是他们人生中最有价值的时光。工作坊上发生的事都是禁止外传的,不过因为我参加了很多次,所以能在不泄露他人秘密的情况下,简单介绍研讨会的内容。

想象一下,硅谷举行了一场盛大的会议,参与者们都是科技巨头:苏珊站在会议室的中央,穿着紫色丝绸上衣,涂着与之相配的紫红色口红。她一边讲述着自己的故事,一边让我们思考自己的人生。她带着我们做各种练习,大部分练习都会用到黄色便利贴。

每个人一张,她要求我们用"我……"的句式写一个关于自己的陈述句,描述那些阻碍我们前进的过往或自我概念:

"我是个骗子。"有人写道。

"我很自私。"

"我需要帮助。"

苏珊建议我们相互分享一些我们愿意分享的内容。然后，她让我们深入探讨："你写下来问题，并不代表你有什么问题，也不代表你有什么病症，只能证明你是一个正常的人类。欢迎来到人类的世界。"

她让我们把便利贴贴在胸前，指示道："我想请你们分成几组，与小组成员讨论此时你们心头正在承受的不适感。这种做法有违常规，因为我们通常会全副武装：戴上珠宝、穿着鞋子、套上西装外套。你们感觉如何？"

人们高呼答案。一个接一个地高喊，显得有些迫不及待：

"感觉不舒服。"

"感觉很刺激。"

"感觉没有安全感。"

"感觉背负了重担。"

我听到了一个答案，让我永生难忘：

"真实。我感觉很真实。这是在本次会议中，让我感觉最轻松的一个话题。"

苏珊让我们把鞋子脱下来，整齐地摆放在座位前，并把便利贴贴在鞋子旁边，然后起立，坐在别人的座位上。我们要阅读另一个人的便利贴，思考穿着这双鞋的人所经历的苦痛。"他们可能穿着这双鞋经历了许多，因而把自己武装起来。"苏珊说，"这些话他们甚至没有与亲人说过，现在你们面前的鞋上有一张纸条，上面写着一个人可能不会与他们最亲近的人分享的内容。"

她说："把纸条翻过来，现在……给纸条的主人写一些你愿意与他们分享的事。"

我们按指示换了座位，看着他人的鞋子，读着陌生人写下的私密便条，会议室里一片寂静。

"我被抛弃了。"一张纸条上写道。

"我一直很焦虑。"

"我太克制自己了。"

苏珊问："你们读到这些时，有什么感受？"

"看到纸条上的信息，我想哭。"一个人说。

"原来我所经历的苦，别人也正在经历。"另一个人说，"我们的生活都不容易。"

来参加这个特别的工作坊的人，大部分身居高位、富有而且成功。相信我，如果你看到这些人大步流星地走进董事会，你根本察觉不到他们也有被抛弃、焦虑、克己或孤独的感受。

苏珊让我们想想生活中那些鼓励我们或赋予我们力量的人——可能是我们的朋友、父母、伴侣，也可能是一个已经不在人世的人。然后她问道："看到你写的问题，他还会爱你吗？如果那个人能给予你建议，他会怎么说？"

我开始搜肠刮肚，然后突然想到一位老朋友，他知道我一遇到冲突，总是倾向于认为对方一定是对的，而自己一定是错的。

"有人指责你并不意味着他的指责就是正确的。"这位朋友告诉我。他好像猜到了几年后我会参加这个工作坊，竟建议我随身携带一张黄色便利贴，在上面写上"我可能是对的"。

每次想到他的建议，我都忍不住想笑。但有时，我觉得他说的也不无道理。

* * *

里斯本之旅即将结束时,我和苏珊参加了"美丽商业之家"组织的另一个活动:参观这座城市,重点了解这个城市最著名(也是最苦乐参半)的诗人——费尔南多·佩索阿的生活。诗人在这座城市有着重要影响力:旅游商店的收银机旁堆放的是诗歌集,而其他国家首都城市的旅游商店门口通常放的是地图和钥匙链;矗立在主广场上的大理石雕像不是战争英雄或国家元首,而是受人尊敬的诗人。最著名的诗人当属佩索阿,他的发现与佛祖利用芥末籽告诉我们的一样:"不计其数的船驶向世界各地的港湾,但没有一艘能到达没有痛苦之地。"

当时,我正在写作本书,因此我觉得这次旅行十分必要也十分重要,这也是我来参加会议的原因之一。

苏珊对佩索阿并不是特别感兴趣,但她愿意和我一同参观。我们要去里斯本一个偏远的地方与其他人会合,不幸的是我们的导航出了问题,而我和苏珊由于聊得太投入因此没有察觉到走错了路。等到达集合地时,我们迟到了半个小时,大部队已经走了。此时下起了大雨,我们俩都没有带雨伞。好在天气暖和,组织者们给了我们一张地图,在上面画出了参观的路线。他们说:"你们很快就能赶上,只要找到打着橙色雨伞的队伍就可以了!找到了可以用他们的伞挡挡雨。"

我和苏珊在大雨中穿行,走过一条小巷,穿过林荫大道,却没有找到打着橙色雨伞的队伍。我们停下脚步想看看地图，但地图一拿出来就被雨水打湿了。苏珊突然大笑起来，一瞬间我也会意，跟着笑了起来。我们快速跑到一个湿漉漉的街角，决定先在这里著名的巴西人咖啡馆避避雨。一个世纪前，葡萄牙的著名诗人经常在这里聚会。高高的天花板上绘有精美的油画，吧台是大理石的，地上铺着黑白相间的瓷砖。咖啡馆门外有一座佩索阿的雕像，戴着圆顶礼帽，系着领带，坐在咖啡桌旁。即使现在倾盆大雨，也未能浇灭路人排着队与雕像合影留念的热情。

雕像旁有一把遮阳伞，我和苏珊坐下来，点了一杯热可可。我不停张望，期盼着我们跟丢的大部队能奇迹般地出现。我想，要是我们今天早点儿出发就好了，要是我们没有迷路就好了，我甚至想（我承认）要是我自己去——没有极富魅力的苏珊·戴维来分散我的注意力——我可能就能跟上其他人了。我想，我千里迢迢飞到里斯本，却错过了来这里的重要目的。快到下午了——其实是下午都快过去了——我才意识到，我很可能错过了了解佩索阿的机会；但是，那天下午在与苏珊进行了深入交谈后，我们成了一生的朋友。

苏珊这样的朋友，如果她有一个漂亮的随身包，一定会告诉你在哪里能买到；她这样的朋友，你可以放心地与之分享最令人尴尬的瞬间或道德问题，她会对你报以同情的微笑，然后举起酒杯与你共饮；她这样的朋友，会冒着大雨与你在城市中穿梭，寻找一个可能了解一个世纪前的孤独诗人的导游。我虽然错过了这次游览，但我却获得了更珍贵的东西——一个知己。

***

现在，你相当于参加了一次苏珊的工作坊，那么你可以完善一下前面提到的表达性书写——借鉴我们刚刚从苏珊那儿学到的方法。你能试着用"我……"的句式写一个关于自己的陈述句，描述那些阻碍你前进的过往或自我概念吗？"我无法集中精力，我是个差劲的员工。""我不敢为自己辩护。""我爱说闲话，伤害了别人。"想一想，如果苏珊此时在你身边，她会问你的那些问题：

如果爱你的人知道你刚刚写的内容，他们还会爱你吗？你还爱你自己吗？

希望这些问题的答案都是肯定的。但如果你不确定答案是什么，或者答案暂时是否定的，那么请记住苏珊的建议："这并不代表你有什么问题，也不代表你有什么病症，只能证明你是一个正常的人类。欢迎来到人类的世界。"

《我的爷爷奶奶》，作者不详

死亡、无常、悲伤

第三部分

明知自己及所爱之人终有一死，我们该如何生活？

Part Three

第七章

渴望彩虹之上的世界

---------- * ----------

如果有一天，人类实现了长生不老，后代遍布宇宙各个星球，他们一定会等到子孙长大并且有了一定承受能力之后，再把古老地球的历史告诉他们。孩子们得知原来死亡曾经真实存在，一定会轻声落泪。

——埃利泽·尤德考斯基，《哈利·波特与理性之道》

我哥哥是纽约市西奈山医院的一名腹部放射科医生，于2020年4月死于新冠肺炎病毒引起的并发症。他去世后，我时不时就会感到阵阵恶心，有时候会真的吐，有时就是想吐。当身边的人离去以后，哪怕是像我的哥哥一样，并不是和我生活在一起的人，也会令我难过到想吐，这究竟是什么引起的呢？

我的这种难过之情，与哥哥的遗孀感受到的孤独不同。哥哥离去了，她只得凝望着空荡荡的床，感受不到丈夫的温暖，床头柜上摆放的书籍不再有人翻阅，此后她再也没有人可以谈心，也没有人可以依偎。我的这种难过之情，不是因为我怀念哥哥的诙谐幽默，也不是因为我怀念他对母亲的孝心——为了给年迈的母亲买到她想吃的香蕉，他能不厌其烦地跑三家超市。我的这种难过之情，也不是因为我听到父亲的哽咽声——当我打电话告诉父亲这一消息时，一向坚忍克己的他，难以抑制悲痛之情，在电话那头抽泣起来。（在那年年底，他也死于新冠肺炎。）

我想，我之所以产生这种难过到想吐的感觉，的确与伤心过度有关，但最根本的原因是，我意识到我曾经拥有的一切将不复存在。就像我儿子在三年级毕业时，意识到他再也回不到三年级了，因而大哭起来一样，他知道他再也见不到三年级的老师了，再也看不到三年级的同学了，第一次学习长除法时的感觉（即使他不太喜欢数学）也随之而去。

我哥哥去世时62岁。7年前，他遇到了现在的爱人保拉。他们一见钟情，彼此相爱，疫情暴发前几个月两人喜结良缘。这是他的首次婚姻，婚礼上，一些人祝酒时说"迟来总比不来好"，但他却说这一切都"值得等待"。

哥哥去世几天后，他医院的同事给我讲述了一些关于他的故事。他会半夜推着超声波仪器到病房，对病人的情况进行复查。不论多晚，他都不在乎。"他最关心的是病人的病情。"前不久，他获得了"杰出讲师奖"，以及部门最高荣誉"年度教师奖"。他谦虚低调，从来没有跟我们说起过获奖的事，但我真希望我还能有机会对他说一声"祝贺你"。

哥哥比我大11岁。是他教会我骑自行车，他还发明了一种游戏：要是我违反了哪项荒唐的规定，就必须去假想的"正规学校"接受教育——我仿佛又看到了他当时的样子，他坐在厨房里，假装与这所学校的老师打电话谈论我的问题。他去世后的几天里，每到凌晨5点，我的脑海中就会浮现出我和他在一起的一点一滴，都是一些陈年往事。然而，过去的都已过去，永不复返。

对于人生无常，你可能会习惯，因为"一切都会过去"。你可能读过斯多葛派哲学家们的思考，他们教导我们学会接受"死亡是不可避免的"；你可能按照他们的建议练习过"谨记死亡"（memento mori）；你可能会通过冥想思考人世间的无常——我经常这样冥想。久而久之，你能在一定程度上为人生无常做好心理准备。无常之美，远远超出我们的想象。在我们人生中最美好的时刻，尤其是聆听美妙的音乐、欣赏高雅的艺术、感受美丽的大自然时，我们都能感受到人生无常具有的庄严而又悲怆的色彩。而其他时间，我们只能接受人生中的无常。

问题是：如何接受？人生如此无常，我们应该如何生活？

这应该是人生中最紧迫的问题，在后面的几章中，我们将探索这一问题的种种答案。

***

2017年8月，圣迭戈城镇乡村酒店的会议中心将举办第二届反衰老与死亡革命大会（RAADfest）——"伍德斯托克激进派延寿大会"。拥护延寿事业的人有各种各样的称号：反死亡活动家、激进延寿倡导者、超人类主义者、超级长寿热衷者。我将称他们为"永生主义者"[1]。RAADfest的网站主页上打着这样的广告语："加入反衰老和死亡的革命吧。我们邀请了世界著名科学家、思想领袖和激进延寿派梦想家前来做讲座……他们才是我们这个时代的明星，真正的超级英雄。"

---

[1] 由于延寿运动只关注自然死亡，不包括由海啸或车祸造成的非自然死亡，所以近年来，有些人已不再使用这一术语。"延寿倡导者"应该更精确，但不适用于本书内容。

推崇永生主义的人认为我们能够而且应该永生不老。英国老年医学专家奥布里·德格雷（Aubrey de Grey）说，即使是50多岁的人，如果能跟上"长寿逃逸速度"，就有可能增加几年健康的寿命。奥布里·德格雷是一位有魅力但古怪的永生主义倡导者，留着玛士撒拉式[①]长胡子，都快长及肚脐了[②]。跟上这一速度后，我们能够再延长200～300年的寿命，最终实现长生不老。他说，我们应该关注的是衰老过程本身，因为衰老才是我们的敌人，而不是阿尔茨海默病等老年疾病。

我参加RAADfest的目的是了解人类反抗死亡的探索过程。人们在反抗死亡的过程中，如何回答以下苦乐参半的问题：明知道自己终有一死，我们该如何生活？人们希望长生不老时，真正想要追求的是什么？他们想要的真的是永生吗，还是别的什么？哲学家说，死亡赋予了生命意义，如果真是如此，那么没有死亡的生活，还有什么意义？我很想与那些多年来一直思考这些问题的人进行深入探讨。

到达圣迭戈机场后，我给朋友拉法埃拉·德罗莎博士发了一条短信，她是罗格斯大学纽瓦克分校哲学系的主任，对这次会议持怀疑态度。拉法埃拉说："老了不要受苦，这我完全支持。"她留着一头金色的短发，穿着性感，是一个热爱生活的女人。"我们终有一死，这确实很可怕！但是我们怎么能反抗死亡呢？德国

---

① 《圣经》故事中的人物，据说他活了969年，是最长寿的人，后来成为西方长寿者的代名词。——译者注
② 顺便提一下，本书即将出版时，有人指控德格雷性骚扰，但他否认了。

哲学家海德格尔说过，是死亡塑造了我们的生活。因为死亡，人们才有紧迫感。你认为那些反衰老和死亡的人真的相信他们所宣扬的吗？"

然后，她又给我发了一条短信："真希望我能和你一起去，听听他们怎么为自己辩驳。"

然而，到达 RAADfest 会场时，我发现他们并没有相互争辩。参会的人都不喜欢别人质疑他们的信念，会议的氛围更像是"谢天谢地，总算找到志同道合的人了，我们都不相信死亡"。有人曾在斯坦福超人协会的脸书页面上这样写道："死亡赋予生命意义，如同在把胃切除后才体现出胃存在的意义，这是一样的道理。"

参加 RAADfest 的人说，与其费力思考哲学，不如致力于研究 21 世纪的科技和健康生活。在咖啡机旁闲聊时，有人开玩笑说，参加这次会议的人，要是想抽烟都得跑到几公里外的地方偷偷抽两口。我当时正喝着咖啡，吃着饼干，一听这话突然有点儿不好意思。我想到了自己免疫力差的问题，顿时感到一阵内疚。自身免疫也是 RAADfest 不断提到的一个话题，因为免疫系统与长寿息息相关。会不会是因为我太爱吃巧克力了，才导致我的健康出了问题？会不会是我在写《内向性格的竞争力》一书时压力太大，所以我的健康出了问题？难道是我看的书不够积极乐观导致的？如本书内容一样，我不太喜欢看那些主题积极乐观的书。但在这个大会上，渴望与辛酸、欢乐与悲伤这样的话题，没有人愿意谈论。谁需要苦乐参半的心态？我们不应该宣扬生命的脆弱性，生命的脆弱性也没有那么神秘美丽。生命的脆弱性是一个问题，一个需要用乐观的精神和高超的技术解决的问题。

我走进酒店宴会厅（未来3天我们都会在这里听讲座），广播里响起的音乐是1980年的一部电影《名扬四海》的主题曲：

我将永生

我要学会高飞

……

RAADfest在延寿界也是褒贬不一。有人告诉我，我能在这里见到形形色色的人：取得开创性成果的科学家、投资者、水晶爱好者、蛇油推销员，以及渴望多活几年的老年人。参会的大部分是男性，主要是白人，还有少数已经步入迟暮之年的嬉皮士和几个身材瘦高有点儿像模特的人。科学家很好认——有的略显笨拙，有的穿着休闲裤，男士穿牛津布衬衫，女士穿漂亮的衬衫。

我的左边坐着一对老夫妇，我问他们为什么来参加这个大会，他们说："我们想继续活下去。"他们是从《延寿》杂志上得知这次会议的。"你呢？"那个妇人问我，"你在延寿领域工作吗？"我说我不是，他们一听我是个作家，立刻对我失去了兴趣。

一支名为"见证生命"的乐队（由三位中年吉他手和一位老年键盘手组成）上台演唱了一首关于永生的歌曲。他们高唱道："浴火重生，我们注定永生！"观众全体起立，热烈鼓掌。

"他们今天表现得不错。"坐在我后面的一位女士对她旁边的人说，语气就像谈论一支受欢迎的家乡乐队一样。显然，他们还一起参加过其他类似的活动，再次重聚，两人似乎都挺开心，这也映射出了场内参会人的乐观情绪。而当我问坐在我右边那位70多岁的退休英语教授他为什么来参加这次会议时，他冷冷地说："因为害怕。"

* * *

活动正式开始了。我们将听到低温生物学家兼生物老年学家格雷格·费伊博士（Greg Fahy）的讲座，他利用人体生长激素实现了胸腺再生；还有哈佛医学院遗传学家苏克迪普·辛格·达瓦尔博士（Sukhdeep Singh Dhadwar）的讲座，他试图"复活"早已灭绝的猛犸象，同时也在致力于找到导致阿尔茨海默病的基因；以及著名博学家迈克·韦斯特博士（Mike West）的讲座，他是最早成功分离人类胚胎干细胞的科学家之一，他创建的生物技术公司致力于研究老年退行性疾病的治疗方法。

首先上台的是一个名叫伯纳迪安的女性。她和以前的恋人詹姆斯·斯特罗尔是"人民无限"公司的联合创始人，也是RAADfest在亚利桑那州的制作人和赞助商。人们都称她伯尼，她身穿一条黑色长裙，戴着一顶黑色贝雷帽，留着露易丝·布鲁克斯风格的银白色短发，涂着浓艳的口红。虽然已经80岁了，但是就算拿现在年轻女性的审美标准衡量，她也不输任何人，绝对时髦前卫。（第二天，她穿着一双短靴和迷你裙登上讲台，露出纤细的双腿。）

伯尼出生于 1937 年。她告诉我们，在 1960 年，也就是她 23 岁时，"我在广播里听到一个人讲话，他说，人的肉体不一定会死亡。从那以后，我就成了一名反衰老和死亡的活动家，所以我没有为死亡做好准备，我要过前所未有的生活。我认为死亡是一件糟糕透顶的事，任何人都不应该死亡。若能永生，必感激不尽。我感觉我不一定会死，我也不会为此感到羞愧。就像走出监狱一样，我走出了死亡"。

伯尼既是一位励志演说家，又是一个"煽动者"。"即使到了更年期，也并不意味着你的生命即将走到尽头。"她高呼，"相信我，这只是生命的开始！我们必须捍卫我们永生的权利。看到大家的生命都不会终结，我感到很激动。我们必须感受永生，我们必须创造永生。我现在享受到的乐趣是前所未有的。当你们达到一定境界，感受到的就只有美好……我马上就 81 岁了。（这时观众开始欢呼。）我知道，我的生命并不会就此结束。我不会被 80 岁打倒。相反，我正在从中崛起！我看到了人类前所未有的希望！"

我一直认为，我就算能活到 80 多岁，可能也会过得很凄凉。但听完伯尼的演讲，我发现原来那只是我给自己编的故事，只是我把故事编错了。

"一个新的世界正在崛起！"伯尼高呼。"我的生命不会结束！大家的生命也不会结束！我们一定会永生！"

"说得对！"观众大喊。"太棒了！""伯尼，你说得对！""永生万岁！"

第七章 渴望彩虹之上的世界

这些究竟是什么人？他们会不会是骗子？他们真的如此才华横溢，目光远大？他们拒绝接受现实？他们是不是我们推崇的"胜利者和失败者"文化下的必然产物，下定决心要"赢得"与死亡的斗争？他们真的希望永生或延缓死亡吗？这难道是邪教？确实有一个邪教网站采用了詹姆斯和伯尼的观点，记录了他们举办研讨会收取的费用。但伯尼和詹姆斯说他们就是靠"出售生命"谋生，这有什么问题吗？

当然，有些参会的科学家似乎非常严肃，他们在很认真地试图将人们从"亲老化恍惚"（pro-aging trance）中唤醒，这个词是由留着玛士撒拉胡子的老年学专家德格雷提出的。"对于不希望发生的事，人们通常会假装这些事不会发生，比如死亡。"他说，"这样他们就可以继续自己那悲惨而短暂的生活。他们需要苏醒，需要大胆面对。他们喜欢对自己说'衰老未必不是福'，并且平静地接受衰老。问题是，当一些人知道未来终有一死时，他们通常会选择要么一辈子为之困扰，要么通过某种方式忘记死亡的存在，平静生活。如果真的无法改变人终有一死的事实，那么我们只能骗自己'死亡未必不是一种福'，避免让自己产生太大压力。"

听到这一观点，我感到格外震惊。我一直认为我并不是特别害怕死亡——对我而言，比起知道自己终有一死，丧亲更让我痛苦。最近，我总担心自己患上了乳腺癌，检查结果显示一切正常，但是等待结果的过程比我以为自己患上乳腺癌时，更让我害怕。

因此，我们与这些永生主义者的最大区别，不仅仅表现在他们对现代技术持有的乐观态度，也体现在他们愿意面对死亡的态度。大多数人应对死亡的方法是，假装死亡不会发生在自己身上。但永生主义者不能假装，也不会假装。他们认为人生无常是这个世界的巨大创伤，因此会尽全力治愈这一创伤。作家兼人工智能理论家埃利泽·尤德考斯基在《哈利·波特》的同人小说中写道："如果有一天，人类实现了长生不老，后代遍布宇宙各个星球，他们一定会等到子孙长大并且有了一定承受能力之后，再把古老地球的历史告诉他们。孩子们得知原来死亡曾经真实存在，一定会轻声落泪。"这段文字温柔细腻，又不乏科幻小说的夸张想象，每读一次，我就会感动一次。[1]

许多在 RAADfest 上做讲座的科学家，都会在讲座开始时播放一些感人的画面，如人们在亲人遗体旁哭泣的场景。科学家向观众描述了自己失去母亲、父亲或孩子时的悲痛之情。他们发出了"拯救老人"的强烈呼吁，最后还将这句话变成了一句口号。他们还向观众描述了自己经历的转变——他们现在能够直面悲伤，能够以一种喜悦的心态治愈悲伤。迈克·韦斯特是最早成功分离出人类干细胞的博学家，他于 27 岁时觉醒。当时，他正在家乡密歇根州的一家快餐店吃汉堡，凝视着街对面的一块墓地。"突然间，"他回忆道，"就像佛陀顿悟一般，我觉醒了。我看到了我的朋友和亲人的墓碑，上面刻着他们去世的年份和日期。那种感觉就像看到了旭日初升，我说：'死亡不会发生在我身上。'我虽然不知道如何实现这一目标，但我决定将余生都致力于解决

---

[1] 这也是我把这段话选为本章开卷语的原因。

人类的死亡这个真正重要的问题。"

几个月前，在我还没来参加 RAADfest 时，有生之年我第一次遇到了一位永生主义者，他也有类似的经历。基思·科米托是一位计算机程序员、数学家、科技先锋，同时也是延寿宣传基金会主席。他的脸型瘦长，看上去十分友好，有一双棕色的眼睛，眼角爬满了皱纹。那天我们相约在他最喜欢的格林尼治村咖啡馆见面，他穿了一件印有漫威角色的元素周期表的 T 恤衫。等我的时候，他点了一杯绿茶。他说，从大学起他就不喝咖啡了，那时他就认为咖啡对身体有害。不过基思也承认，有时为了完成项目，他不得不熬夜到凌晨 3 点，这样也不利于延寿。他想在活着的时候完成的事情太多了——尤其是延寿，对基思而言，这才是他的梦想。

基思特别痴迷于《吉尔伽美什史诗》(The Epic of Gilgamesh) 这部长诗，这是世界上第一部伟大的文学作品，讲述了一位国王渴望永生的故事。基思讲述书中那个著名的故事时，激动得手舞足蹈，在座位上左摇右晃，简直就像在空中飘荡一样。故事讲述了一个国王四处探寻，终于找到了永生花，他想把花带回国给他的子民，然而不幸的是，在回家的路上他不小心睡着了，导致永生花被一条蛇吃掉了。基思说，所有英雄的最终目标都是永生，《星球大战》和《奥德赛》讲述的也是人到老年后期望永生的故事，只不过目标更加高尚一些。他自视为探寻永生故事中的主角，只是他的故事没有那么高尚罢了。

基思是那种完全生活在自我中的一个人，不懂装腔作势，也不喜欢故作姿态。"现在一说起来，我都感到阵阵寒意！"他大声说，他是指国王没能成功得到永生。我们在一起聊了两个小时，他至少又提到过三次国王没能将永生花带回，让他感到遗憾。他说，即使知道自己终有一死，他也会竭尽全力投入延寿的事业中。正是这种"或许能够最终为人类做一些真正有意义、具有治愈作用的事情的感觉"，给予了他奋斗的动力。"在活着的时候，我们有可能完成一个英雄未完成的旅程，这是多么激动人心啊。我们有可能把长生花找回来，这难道不是一件令人激动的事吗？人不是一直在寻找生命的意义吗？这就是人生最初的意义——这些故事都刻在石头上，是抹不去的！"他滔滔不绝，手时不时碰到我的笔记本电脑，不过每次他都会真诚地道歉。我想，基思高中时，可能是个书呆子，但他热情豪迈，估计也深受人喜欢。"去把长生花找回来吧！"

但是，如果你细品《吉尔伽美什史诗》以及其他关于永生的文学作品（从《格列佛游记》到《飞翔的荷兰人》，作者都就"永生"这一主题发挥了想象力），你会发现讲这些故事的人，大多是在警告我们：永生不仅是不可能的（蛇吃掉了永生花），而且也是不明智的。如果永生，那么人类会占用大量空间。几百年后，我们便会自觉无聊，生命也就失去了意义。

我问基思如何看待这些反对永生的观点。与参加 RAADfest 的人不同，他喜欢从哲学的角度进行论证，用思想实验进行反击。

"你想明天就死吗？"他问我，我的回答当然是否定的。"那再过一天呢，你想死吗？"他又问，"答案还是否定的？再过一天

第七章 渴望彩虹之上的世界

呢？再过一天呢？无数天之后呢？"

我的答案一直是否定的。事实证明，我想象不到哪一天我会愿意死去。那一天，将是我再也见不到家人的日子；那一天，将是我再也看不到日落的日子；那一天，将是我再也喝不到意式特浓咖啡的日子；那一天，将是我再也不能与老朋友共度美好惬意时光的日子；那一天，将是我再也不能高唱16岁时听过的那首旅行歌曲的日子；那一天，将是我再也不能在咖啡馆橱窗边享受阳光明媚的早晨的日子。

但是，如果活的时间越长，生命却越虚弱，那么许多人肯定会认为那还不如死去。但这并不是永生主义者所追求的。他们想要的永生，不仅没有死亡，而且没有疾病和衰老。他们力求治愈全人类。

和我在RAADfest遇到的永生主义者一样，基思知道他不能像我们普通人那样抑制死亡的想法。他的亲生父母是在收容所相识的，不仅毒瘾缠身，还患有精神疾病；基思一出生，就与养父母生活在一起，养父母最终收养了他，他说他们才是"自己真正的父母"。然而，他的亲生父母和养父母却为了获得他的监护权争得不可开交，最终养父母赢了。基思的亲生父母在他上小学的时候双双离世——母亲死于饥饿，父亲因吸毒过量自杀。基思悲痛欲绝，却不知道如何应对内心的悲伤，他甚至不知道自己是否应该感到悲伤：他的养父母给了他一个温馨有爱的家庭，生活幸福，难道他还不够幸运吗？但他知道，他已经跨入了另一个世界，一个他的朋友们无法随他而来的世界：在这个世界里，死亡真实存在。

"在电影《指环王》中，"他说，"有一个魔法戒指。戴上戒指的人，瞬间就会进入隐身状态，但坏人的爪牙能看到他们。他们进入了一个能反映万物本质的空间，我和死亡就是这样。当你还是个小孩子时，你是不会想到死亡的。你认为父母会永生，那么你顺理成章地认为自己也会永生。有父母在，你就不会想到死亡。然而如果当你还是个孩子时，给予你生命的人就死了，防止你想到死亡的那堵墙消失不见了，那么你就会直接面对死亡。"

他想出了各种方法应对死亡。起初，他想当一名牧师。（尽管他现在是一个不可知论者，但他"非常容易受到宗教的影响"，有时可以盯着十字架看几个小时。）后来，他自学成才，学会了有关自我赋权、科学和健身的知识，他还学习了瑜伽、武术、体操和生物技术。"但是随着年龄的增长，"他低头看着自己那瘦而结实的手臂说，"时间会把我学到的所有知识全部抹去。那为什么我不能把我的一生投入到延寿的事业中呢？如果你兴趣广泛，而其中之一就是延长健康寿命，那你也一定会首先致力于此。"

*　*　*

对于永生主义者所提出的观点，最常见的反驳就是，永生纯属妄想——无论我们的技术多么先进，蛇总会吃掉《吉尔伽美什史诗》中的那朵永生花。（就我个人而言，我不相信我们能够摆脱死亡，不过我还是乐观地认为，我们的"健康寿命"能够超出我们的祖父母，长得连他们想都不敢想。）

然而最主要的问题是，人类毕竟只是人。有人问：如果我们真能长生不老，那我们还是人类吗？如果我们的爱和与他人联结的能力，是源于看到哭泣的婴儿时产生的冲动（如第一章所述），那么一旦失去了人性中的这种脆弱性，我们又会怎样呢？我们还能继续爱他人吗？我们还能得到他人的爱吗？如果像柏拉图所说，没有死亡，我们就无法把握现实，那么，如果我们绕过死亡，又会发生什么？此外，还有一些实际问题：就算我们真的战胜了死亡，但是没有找到其他适合居住的行星，那么我们还有生存的空间吗？我们是否会迎来一个资源短缺和冲突不断的新时代？

一些永生主义者对这些异议早就准备好了反驳的理由：他们不仅打算摆脱死亡，还准备消除人世间的一切"丧亲之痛"，让世界处处充满爱。他们认为，只要我们能解决死亡的问题，我们就能找到治愈抑郁症、消除贫穷、停止战争的方法。参加RAADfest的一位科学家说："这绝对是可行的。只要我们能够解决人类面临的核心问题（即死亡），就有可能解决其他问题。自人类文明诞生以来，死亡一直是困扰我们的最大问题。如果我们能解决死亡的问题，那么我们将无所不能。"

这些乌托邦式的愿景中有一部分——至少是解决世界和平问题的这部分愿景——源于社会心理学的一个领域，即恐惧管理理论。根据这一理论，正是由于人们有了对死亡的恐惧心理，因而催生了宗族制度的产生，让人们愿意隶属于一个群体，毕竟群体的生命似乎要比个体的生命长。各种研究表明，当感到生命受到威胁时，我们就会变得有攻击性，对外人充满敌意，对其他群体产生偏见。有一个给对手吃辣椒酱的实验表明，得知自己受到死亡威胁的受试者比对照组更有可能往政治对手嘴里塞辣椒酱。还有一项研究表明，政治上保守的学生在被问及死后希望自己支持的团体能做些什么时，与对照组相比，他们更可能主张对具有威胁性的国家采取极端军事手段。因此，如果永生能让我们摆脱对死亡的恐惧，那么我们就会多一分友好，少一些民族主义，对外人更具包容心。

"人民无限"公司的创始人明显认同这一观点。"我们要传递的重要信息是，"他们公司的网站上写着，"人类的永生与好莱坞电影中的吸血鬼不同。吸血鬼是一种去人性化的代表，而人类的永生展现出的是人性中最好的一面。永生终结的不仅仅是死亡，还终结了人与人之间的分离；永生使我们消除了对死亡的固有恐惧，赋予我们能力，使我们以前所未有的胸怀，向人们敞开心扉。当代生活的毒性对我们的健康构成了严重威胁，但是最大的毒素还是来自人类本身。没有了死亡的威胁，人们将激情四溢，团结程度将达到前所未有的水平，最终实现以人为本，而不是与人为敌。"

这个观点的确很理想，但解决人世间的毒性和冲突问题不可能如此简单。事实上，我们面临的真正挑战，可能根本不是死亡（或者说不仅仅是死亡），而是活着时的悲伤和渴望之痛。我们以为我们渴望的是永生，但或许我们真正渴望的是完美和无条件的爱，是一个狮子能与羊羔和睦共处的世界，是一个没有饥荒、洪水、集中营的世界，一个我们能够像爱自己的父母一样无私地爱别人的世界，一个我们能永远像个宝贝一样被人关爱的世界，一个与我们现在的逻辑完全不同的世界——一个生命不需要为了生存而吃掉生命的世界。即使我们的四肢如金属般坚不可摧，即使我们能把灵魂上传到硬盘上，即使我们能移居到一个像地球一样美丽好客的星球上，我们依然要面临失望和心碎、冲突和分离之苦。而这一切，都是连一个没有死亡的世界也无法解决的问题。

也许这就是为什么在佛教和印度教中，最大的奖励不是永生，而是能够得到重生的自由。也许这就是为什么在基督教中，理想境界不是摆脱死亡，而是进入天堂。正如卢埃林·沃恩-李（第二章中提到的苏非派导师）和其他神秘主义者所说：我们渴望的是能够与爱之源重聚的一天。我们渴望完美而美好的世界，渴望"彩虹之上的地方"，渴望C.S.刘易斯描写的"一切美丽之源"。刘易斯的朋友J.R.R.托尔金说，这种对伊甸园的渴望是"我们本性中最美好、最健康、最温和、最有人性的渴望"。也许永生主义者在追求永生和"结束人与人之间的分离"的过程中，也有相同的渴望，只是表达方式不同罢了。

不过，我认为，他们指错了人们对渴望的理解方向。

当然，我也想长寿，也想见见我的曾孙。即使我不能实现这一愿望，我也希望我的孩子们能长寿并实现这一愿望。但我希望长寿不会让他们，以及我们，否认人类境遇中苦乐参半的本质。反衰老与死亡的人认为，战胜死亡就能通往和平与和谐。而我的看法恰恰相反：悲伤、渴望，甚至死亡本身是一种联合力量，是一条通往爱的道路；我们面临的最大的也是最困难的挑战，是如何应对这种联合力量。

第八章

拥抱悲伤和无常

———— * ————

……该放下时,就放下。

——玛丽·奥利弗,《在黑水林中》

日本佛教诗人一茶（Issa）于 1814 年结婚，和我哥哥一样，也是 51 岁。他过去的生活十分艰苦。两岁时母亲去世；继母每天都会打他无数次。后来，一茶的父亲患上了伤寒，他担起了照顾父亲的责任，一直到父亲去世。一茶的妻子生了两个儿子，都在一个月大时夭折。不过，最后这对夫妇又生了一个女儿，健康又美丽，取名佐藤。幸福终于来了！可是，佐藤却染上了天花，不到两岁也夭折了。

一茶是日本四大俳句大师之一。这位内心早已支离破碎的诗人写道，他无法接受人生无常："我承认，覆水难收，木已成舟，然而即便如此，我依然放不下，感情的纽带也难以打破。"下面这首俳句就体现了他这一思想：

诚然
露水的世界
如露水一般短暂

即便如此，依然放不下……

这首诗很奇怪——它言语温和，如果不深读，很难看出诗中蕴含着作者对现世的不满之情。诗中包含了佛教的基本理念，即我们的生命就像露珠一样短暂。明知终有一死，我们该如何生活？就这一问题，佛教（以及印度教和耆那教）给出的答案是：学会放下情感依附，我们应该付出爱，但不要执着于欲望（一茶对女儿的情感依附）或不如意（如一茶的女儿死于天花）。我们难以接受人世间的无常，这也是人类苦难的根源。因此，许多伟大的僧人会用各种方法提醒自己终会死亡，例如睡前熄灭炉火，而不是让它一直燃到天明。谁知道天明以后自己是否还活着？

但意识到无常的存在和接受人生无常之间存在很大区别。因此一茶的诗中，"露水的世界／如露水一般短暂"并不是诗的核心。真正的核心是最后几个看似不起眼的字："即便如此，依然放不下。"

一茶说："即便如此，依然放不下，我将永远思念我的女儿。即便如此，我也将永远不再完整。即便如此，我也不能接受，也不会接受，这个美丽星球上关于生死的残酷规定。我对你低声说我不接受，你听见了吗？即便如此，我依然放不下。"

明知自己及所爱之人终有一死，我们该如何生活？一茶的答案苦乐参半。我认为他是在告诉我们，你并不一定要接受无常。意识到无常的存在已经很不易了，感受人生无常委实太痛苦。

正因为如此，最后，将人与人联结在一起的终究是痛苦。

想想一茶写这首诗时的心态。他是不是认为自己，并且只有自己，存在这种情感依附过深的问题？不是。他知道我们都有同样的感受，这首诗是写给他的同类的，这些人都会说："我知道人生如露水一样短暂，我不在乎，我只想要我的女儿回到我身边。"他为什么要写俳句，为什么200年后我们还会读他的俳句？这是因为我们的确懂得一茶的感受，他也知道我们懂，我们也知道即使再过200年，读这些诗的人依然会懂（除非永生主义者的项目取得了成功）。一茶把自己的痛苦经历转化为诗歌，让我们感受到了作为人类共有的悲伤，作为人类共有的渴望。他引导我们去爱，我一直认为爱才是那些悲伤歌曲中隐形力量的来源，我们莫名其妙地就会把这些悲伤的歌曲加入我们的播放列表。但这存在一个终极悖论：有些人总是会说"即便如此，依然放不下"（我们也总是这样说），因此他们无法超越悲伤；然而只有当我们意识到我们需要与这些无法超越悲伤的人建立联结后，我们才能超越自己的悲伤。

在你的生活中，你是否也默默地对死亡表达过抗议，你是否深切体会过分离之痛？也许你一直把这样的感受埋在心底，甚至感到些许尴尬。尽管永生主义者也在努力探索，但他们努力的方向与我们的传统文化背道而驰。我们在日常生活中某些常用的表达也体现了我们不愿接受悲伤的内心——"撑下去""往前看"，对于丧亲之痛，我们更加轻描淡写，我们会说"放下吧"。根据谷歌书籍词频统计器，这是过去20年里使用频率增幅最大的一个短句。别误会，这句话确实是一句充满智慧的箴言，是一种释放悲伤的方法。我把玛丽·奥利弗的诗（本章开卷语引用的那首）贴在我的写字台上，时刻提醒自己放下；而且过去的几年里，我确实很善于"放下"。

然而在当代文化中，这句话蕴含着某种强制服从的意味。在西方国家，曾有一种传统，被称为死亡的艺术（ars moriendi）。人们将这些针对死亡的指引印刷成小册子出售，非常受人欢迎，1415年的拉丁文版在整个欧洲重印了100多次。20世纪30年代之前，人们通常会在家中离世，例如因为难产、流感和癌症等；而之后，人们通常在医院离世，在没有人看见的情况下离去。因此，在此后长达一个世纪的时间里，我们始终装作死亡只会发生在他人身上。

法国社会学家菲利浦·阿利埃斯（Philippe Ariès）在著作《西方对死亡的态度》中写道，死亡成了"可耻的和被禁止的"话题。"你身边有人再也不会出现了，整个世界对你来说都是空荡荡的，但你再也没有权利把思念大声说出来。"人类学家杰弗里·戈尔（Geoffrey Goer）在著作《死亡、悲伤和哀悼》中指出，哀悼者开始肩负起"必须享受人生的道德责任"，而且"绝不能做任何妨碍他们快乐的事"。他们必须"把哀悼视为病态的自我放纵"，而我们其他人"对那些遭遇丧亲之痛，却能将悲伤隐藏得别人几乎看不出来的人，心怀敬意"。

而我想在本章提出与之不同的观点。我希望你们能明白，虽然生活在苦乐参半的状态中，对生命的脆弱性和分离之痛有强烈的意识一直是一种不受人重视的力量，但它却是一条令人意想不到的，能够通往智慧、快乐，尤其是与人联结的道路。

*　*　*

在我两个儿子分别为 6 岁和 8 岁时，我和丈夫到乡下租了一栋避暑别墅，住了 10 天。孩子们很开心，一起游泳，到户外玩，吃冰激凌。他们还爱上了一对小毛驴，名字分别叫乐基和诺曼，它们生活在隔壁的一片由栅栏围着的田地中。儿子们每天都带着苹果和胡萝卜去喂这两头小毛驴。起初，它们还有点儿胆小，不敢吃他们喂的食物，但是几天后，小毛驴一看到孩子们过来，就会飞快地穿过田野来到孩子们身边。看着小毛驴大口大口咀嚼他们喂的食物，汁水从嘴角流出的样子，孩子们也是欢喜雀跃。

这是夏日里的一段浪漫故事。然而，与所有的浪漫故事一样，美好的时光终有结束的时候。要回家前的两个晚上，本来一直很快乐的两个孩子总是哭着入睡，他们舍不得离开小毛驴。我和丈夫告诉他们俩，我们走后，还会有人来照顾乐基和诺曼，它们会生活得很好，而且说不定明年夏天我们还会租这栋房子，那时他们也许还能再见到乐基和诺曼。

我们对他们说："分别虽然很痛苦，却是生活的一部分，每个人都会感受到这种痛，而且还会时常感受到这种痛。"直到听到这番话，他们才稍感安慰。虽然这番话有些消极，但产生了积极的效果。当孩子们（尤其是那些在相对舒适的环境中长大的孩子）因为失去而悲伤时，他们会哭泣，部分原因是，我们无意中让他们形成了一种错觉——我们教育他们，一切都应该是完整的，现实生活应该是一帆风顺的，生病或野餐时看到的苍蝇只是生活中的小插曲。英国诗人杰拉尔德·曼利·霍普金斯在《春与秋》中，描写了一位年轻女孩看到金树林的树开始落叶时，感到伤心难过的情节：

> 玛格丽特，你在为金树林的落叶
> 伤心流泪吗？

他没有让她停止哭泣，也没有说即将到来的冬天很美（虽然这是事实），而是向她讲述了什么是死亡：

> 人生来必有一死，
> 你是在为玛格丽特哀悼。

虽然生活中难免有悲伤，但这并不意味着孩子们不能再玩游戏，不能再拥有纯真和欢乐。我们应该让孩子们懂得，无论是孩子还是成年人，都应该接受人生无常，这样才能放下心里的负担，结束对悲伤的认知否定。他们在美好的人生中遇到的悲伤是真实的，他们并不是唯一感受过悲伤的人。

"即便如此，依然放不下。"对于孩子和成年人来说，这几个字将我们与每一个曾经来到这个世界的人联结在一起。

* * *

这几个字蕴含的内容，不仅以难以言喻的方式把我们联结在一起，而且著名心理学教授劳拉·卡斯滕森博士说，这几个字有助于我们更真实地活在当下，使我们的心胸变得更加宽广，爱得更深，更易感激和满足，从而减少压力和愤怒。劳拉·卡斯滕森博士是斯坦福寿命发展实验室和斯坦福长寿研究中心的负责人。

卡斯滕森博士今年60岁左右，一头短发已是花白，戴着一副玳瑁眼镜，举止谦逊而威严。2012年，她做了一次TED演讲，深受人们的喜爱，她演讲的题目为《老年人更快乐》，讲述了她的研究发现：老年人往往会享受（我前面提到的）悲伤和渴望。当然，人们普遍认为，年龄能够赋予一个人智慧，然而卡斯滕森博士却推翻了人们长久以来对这种说法的解释。如印度裔美籍外科医生阿图·葛文德的著作《最好的告别》所述，卡斯滕森发现，人是否具有智慧，关键不在于年龄本身或随之而来的经历，而在于对人生无常的接受程度，在于对"时间有限"的认可程度，在于对"即便如此，依然放不下"这句话的体会深度。

卡斯滕森及其同事进行了一项研究，对一组年龄从18岁到94岁的实验对象进行了为期10年的跟踪调查。她采用了"经验取样法"——让受试者随身携带寻呼机，每天随机报告自己的情绪状态。通过报告对比她发现，老年人经历的压力、愤怒、担忧和痛苦比年轻人和中年人少。她发现，随着年龄的增长，人们更容易产生"积极效应"。她还发现，年轻人的"消极偏见"较深，更易关注令人不愉快或具有威胁性的信息；而老年人更易关注和记住积极的信息,他们喜欢看到笑脸,不喜欢眉头紧锁和横眉怒目的人。

一开始,有些社会学家把这些发现称为"老化悖论"。毕竟,无论你的智商有多高,没有强壮的身体,也没有任何意义;你的朋友和家人们相继离世,留你一人独活世上有什么乐趣?那么为什么相比之下,老年人会更快乐呢?是因为他们恬淡寡欲?是因为他们愿意用微笑面对严酷的现实?是不是卡斯滕森项目的受试者(他们这代人被称为"最伟大的一代")更加顽强不屈?但事实证明,这些数据适用于各个时代的人们,无论是二战老兵一代还是婴儿潮一代:年龄越大的人,内心越平静,越满足。

卡斯滕森已经察觉到了背后的原因,她认为这个问题真正的答案是:老年人已经进入了辛酸的状态,老年人所经历的辛酸比年轻人多得多(我们知道,辛酸就是苦乐参半的核心)。她告诉我,辛酸饱含着人类最丰富的情感,生命因此有了意义。当你同时感到快乐和悲伤时,那就是辛酸的感觉;当你流下喜悦的泪水时,那也是一种辛酸——通常发生在美好的时光即将结束之时。她说,当我们看着自己的宝贝孩子在水坑里踩水时,我们感到的不仅仅是幸福:"我们也会隐约察觉到,这段美好的时光终将结束;时光流逝,岁月如梭,人终有一死。我认为接受现实,才能适应现实。这就是情绪发展。"

我们都可以进入这种辛酸状态,但卡斯滕森认为,年长者更易进入这种状态,因为他们已时日无多,年轻人却在自欺欺人地认为生命之歌永不会停止。因此,年轻人更愿意探索人生而不是

第八章 拥抱悲伤和无常

品味人生；更愿意结识新朋友，而不愿陪伴最亲近的人；更愿意学习新技能、获取信息，而不是思考技能和信息的意义；更愿意关注未来，而不是着眼当下。年轻人可能也会触及辛酸，但那并非他们的日常状态。

如果你未来的日子还很长，并且活力无限，那么年轻人的这些行为的确很美好；但是当你知道——真的知道——自己的时日不多了，你的视野就会变窄、变深。你会开始关注生命中最重要的事，以前追求的野心、地位和人上人的感觉，对你而言都将成为过眼云烟。你会用爱来填满生命中所剩不多的日子，使之更有意义。你会考虑能够给这个世界留下些什么，简简单单地活着。

有了卡斯滕森博士的这番解释，我们也就能理解长辈满足于现状的原因——这也是圣人和哲学家会想出各种方法（比如把骷髅头装饰摆放在写字台上）提醒自己"人终有一死"的原因。

尽管如此，在21世纪的西方社会，卡斯滕森博士的科学界同行一开始仍对她的想法持怀疑态度。卡斯滕森博士之所以能看到别的科学家看不到的事，并不是因为她是一个神秘主义者或修行者，而是因为在她21岁的时候，曾到过死亡边缘。

那一年，她惨遭车祸，住进了骨科病房，好几位病友都是80多岁的髋部多处骨折的老人。在她命悬一线的黑暗日子里，她发现，她开始关注那些老人关注的事。和这些老人一样，她的社交范围缩小了，开始更深入地探索生命的意义。不知不觉中，她发现自己更愿意与最爱的人相伴。

康复期间，她又在医院住了4个月，就像漫画中的人物那样，每天一动不动地躺在床上，一条腿高高地吊在天花板上，无聊至极。她的父亲是罗切斯特大学的一名教授，每天都来探望她，见此情景建议她选一门他们学校的课程学习。他说她想选什么课程都可以，他可以代她上课，帮她把课程录下来。劳拉选择了心理学，不过那时，她还没有对人类的衰老过程产生特别的兴趣。但在她的职业生涯后期，她理解了为什么老年人的社交网络小，为什么不愿意在老年中心吃午餐，也不愿意参加那些对他们有益的社交活动。她想到了曾经住院时的感觉：既然你已时日无多，为什么还要花时间结交新朋友？在当下和已有的关系中寻找意义不是更好吗？

葛文德说，当时的主流理论是，在生命接近尾声时，我们便开始脱离社会。但卡斯滕森博士认为这种观点完全不正确——我们老了后可能不愿意与老年中心的人闲谈，但这并不意味着我们不想与人建立联结。相反，她认为，当我们的生命即将走到尽头时，我们只是不愿再扩大交际圈，而是更愿意追求关系的深入和人生的意义。

结束了对18～94岁受试者长达10年的跟踪研究之后，卡斯滕森博士又进行了一系列具有开创性的研究，以此验证她的假设：我们能够意识到人生的无常，而不是纠结年龄本身，这有助于我们做出更明智的人生选择。她后来发现，老年人更重视与亲密朋友和家人相处的时间，而不会不断结交陌生人。然而，当她让他们想象，如果先进的医疗技术能够将他们的寿命再延续20年，他们会怎么做时，她发现这些老人做出了与年轻人相同的选择。相反，患有晚期艾滋病的年轻人却做出了与 80 岁老人相同的选择，那些能够意识到人生无常（比如知道自己将要远离亲人）的健康年轻人，也做出了同样的选择。

卡斯滕森博士甚至发现，面临社会变化的健康人群，也具有同样的思维模式。1997 年香港刚刚回归中国时，香港的年轻人对今后的生活有所担忧，后来又经历了"非典"疫情，因此这一时期的他们也做出了与老年人相同的社交选择。但是，当香港顺利度过过渡时期，"非典"的影响消退后，这些年轻人又表现得"像他们自己"了。卡斯滕森博士的研究一再表明，人生中最重要的变量不是你已经多大了，而是你感觉到你还剩下多少美好的岁月。

如果你已经 80 岁了，这一切都不难理解。同时，这一研究对我们其他人也有重要启示。如果卡斯滕森博士说的没有错——智慧不仅来自经验，还来自她所说的"生命的脆弱性"，那么我们应该有很多方法获得智慧。毕竟，我们不能（可能也不想）为了获得智慧而让自己变老 30 岁或 50 岁，但我们的观点总是可以改变的。

* * *

如果你天生就是一个苦乐参半型的人，那么你就能先人一步获得智慧，因为你能本能地感受到人生的无常。还有一种情况就是，在步入中年后，你已经对衰老有一定心理准备，但身体依然健壮，那么你也能因此获得智慧。卡斯滕森博士设计了一个小测验，名为"未来时间视角"，你可以登录网站 lifespan.stanford. edu 查看，这个测验能够测试出：(1) 你对无常的感知有多深；(2) 你对死亡的意识有多强。

50 岁的时候，我做了这个测试，结果发现就第一组问题（测试你对未来的期望）而言，我的答案与年轻人无异；而回答第二组问题（测试你对时间流逝的感知）时，我就像一个 80 多岁的老人。与一个 21 岁的年轻人一样，我仍然对未来充满了计划、想法，一想到未来就心情激动。但我同时也敏锐地意识到了"生命有限"这一问题，15 年前的我还没有产生这样的意识。虽然意识到了生命有限，但好在我并没有因此产生焦虑，至少现在还没有；但这种意识，确实让我认识到我应该充分利用所剩的时光，并珍惜当下。卡斯滕森博士说，这就是典型的中年人思想。

不过，就算你现在才 22 岁，或者你没有苦乐参半的心态，卡斯滕森博士认为，你也有其他获得智慧的途径。你一定没想到，她建议我们去听苦乐参半型的小调音乐。（我准备了一个播放列表，以及我收集的苦乐参半型的诗歌和其他艺术作品，这些都可以在 www.susancain.net 上获取。）

她还建议我们冥想死亡来临的时刻，注意观察大自然中的无常。如金秋 9 月，你发现一只小麻雀掉落在你的车道上；花时间陪伴家里的老人，让他们讲一讲他们的人生故事，他们一定会乐此不疲，滔滔不绝地说个不停。要知道，这些故事终有一天只能以数字化形式存在。

著名作家瑞安·霍利迪（Ryan Holiday）写道，罗马人取得胜利时，会把凯旋的指挥官安排在一个象征荣誉的位置，便于人们崇拜敬仰。但他自己却不会沉浸于荣耀之中，身后的侍官会在他耳边低语提醒他："记住，你是凡人，终会死去。"同样，马可·奥勒留[①]在《沉思录》中写道："你随时都有可能失去生命。认识到这一点后，再想想你要做什么、说什么、想什么。"塞涅卡建议我们每天睡觉前都对自己说一遍"明天你可能就醒不过来了"，每天早上起床时，再对自己说"你可能再也没有睡觉的机会了"。所有这些做法都是为了提醒我们：珍惜善待自己及他人的生命。

我说过，这些做法我都尝试过，所以我知道帮助有多大。有时睡前我亲吻孩子们和他们道晚安时，我就会提醒自己，他们明天可能就不在了，或者我可能就不在了。也许你们会觉得这样的想法有些病态，但是正是因为有了这些想法，我才会立即放下手机，甚至把手机扔到另一个房间里，好好陪伴孩子们。

但有时"谨记死亡"会在无意中发生。十几岁的时候，父亲就让我听了比利时伟大唱作人雅克·布雷尔的音乐。我们都很喜欢他的歌，以及这些歌曲中展现的光辉和悲情。父亲给了我许多人生中可贵的礼物，对布雷尔和音乐的热爱就是其一。在他因新冠肺炎住院的几周时间里，等待消息的时候，我又开始听布雷尔的音乐。我已经有几十年没听他的音乐了，现在的我已步入中年，

---

① 罗马帝国政治家、军事家、哲学家，罗马帝国五贤帝时代最后一位皇帝。——译者注

再听他的音乐,我才意识到他要传达的最主要的主题,原来是"时光流逝,人生苦短"。这时听到这样的音乐,我本应感到悲伤,但恰恰相反,我感受到了深深的爱:布雷尔预见了这一刻;多年前,父亲让我听他的音乐时,也预见了这一刻;现在,我也体会到了。雅克·布雷尔、我父亲和我都能体会。你也能体会。

***

一想到卡斯滕森博士的研究,我就感觉她像一个装扮成科学家的宗教人士。我把这一感觉告诉她时,她大笑起来,承认自己确实喜欢希伯来的一个著名故事:

一位拉比带着一个小男孩走在一条小路上,他们看到路上有一只死去的小鸟。男孩就问拉比,鸟为什么会死。

拉比解释说:"有生就有死。"

"你也会死吗?"男孩问道。

"是的。"拉比回答。

"我也会死吗?"

"会的。"

男孩听了很伤心,急切地问:"人为什么要死啊?"

拉比说:"因为只有死亡才能体现生命的宝贵。"

我问卡斯滕森博士为什么喜欢这个故事。"因为,"她说,声音有些哽咽,"我的研究用数据讲述了同样的故事。"

＊＊＊

如果说卡斯滕森博士的研究解决了我们应该如何看待生死的问题，那么还有一个问题有待解决，那就是我们应该如何应对丧亲之痛。一茶的诗基本都与孩子的死亡有关，这绝非偶然——对大多数人来说，丧亲之痛就是最深的痛。

一茶正在努力放下自己的情感依附，他的这种做法似乎与西方人对待哀悼的态度形成了鲜明对比。例如，弗洛伊德建议遭遇丧亲之痛时，先不要放下情感依附，而是要感受痛苦，再摆脱这种情感依附，在这一过程中，逐渐撤回我们对所爱之人的感情投入。他把这种痛苦而艰辛的过程称为"悲伤疗法"。

当代研究悲伤情绪的西方学者提出了一种更新的观点，如哥伦比亚临床心理学教授乔治·博南诺（George Bonanno）著有一本名为《悲伤的另一面》的书，书中没有谈论在悲伤时如何"放下"，而是研究了我们的心理韧性。博南诺说，当我们失去所爱之人时，我们的内心可能会崩塌，我们可能会怨天尤人。然而，人类天生就有承受悲伤的能力——从呱呱坠地时，我们就已经开始经历失去爱的痛苦了。有些人失去亲人后，确实会在很长一段时间内沉浸在悲伤或痛苦中。但是，许多人实际上比自己想象的更有韧性。

我们以为经历丧亲之痛后，长时间陷入痛苦之中，然后缓慢恢复就是标准的情感表达，但博南诺说，现实情况更为复杂。我们很有可能在女儿死后的第二天因为一个笑话而大笑，也有可能50年后，一想到她就伤心流泪。

经历丧亲之痛时，人们通常都会时而悲伤，时而喜悦，反反复复，情绪波动大。作家奇玛曼达·恩戈齐·阿迪奇埃在父亲去世后不久接受《纽约客》采访时说："我还得到一个启示——许多欢笑本身就是悲伤的一部分。我们家一直充满了欢声笑语，现在我们只要一笑，就会想起父亲，只是这些笑声的背后总是带着一层阴霾，我们不愿相信父亲已经去世了。笑声也就逐渐消失了。"

"经历丧亲之痛时，最主要的体验就是悲伤。"博南诺在接受大卫·范努斯博士的播客采访时说，"当然，还有其他一些情绪……如愤怒之情，有时还有不屑和羞愧，以及各种各样的记忆和困难经历……它们全都涌上心头。因此，经历丧亲之痛的人们，一般不会连续几个月持续沉浸在深度悲伤状态中，而是情绪反复波动，有时悲伤的过程中也会产生积极的状态、微笑、笑声，以及与他人交流的欲望。"博南诺说，对于许多人来说，这些"悲痛……逐渐就不那么强烈了"。

但是，即使是心理韧性最强的人，也不可能做到完全放下。"对于亲人的离去，他们可能无法完全释怀，"他说，"可能无法完全走出痛苦，但是他们能够继续正常生活。"我们生来就是要同时感受爱与失、苦与乐。

如何应对丧亲之痛，东方文化与西方文化不同。东方文化提倡放下情感依附，这并不是否定悲伤，当然这也不是否定爱。印度精神领袖古儒吉大师说："大众认为，放下情感依附就是放下爱，其实不然。放下是一种更高形式的爱。"这种态度是在鼓励人们努力去爱，但不要形成情感依附。

我发现这一观点中隐含着大智慧……但是我不知道,这种不形成情感依附的原则是否能够或应该适用于失去孩子的父母,比如一茶。或者,这一原则是否适用于所有失去孩子的母亲或父亲?他们心中的痛苦巨浪能因为放下情感依附而消失吗?

我决定进行一项非正式调查,就从古儒吉大师开始。我有幸在耶鲁大学的一次论坛上采访了他。听到我的问题,他毫不犹豫地说:"是的,适用。"当然,父母会因为失去孩子而哀悼。但是,"你之所以会为孩子的死亡或疾病而悲伤,只是因为他们是你的孩子。即使对自己的孩子充满了无限的爱,也分为有情感依附和无情感依附两种情况。你因为孩子是孩子而爱他是一回事,而因为孩子是你的孩子而爱他又是另一回事。因为孩子是孩子而爱他,是没有情感依附的爱;因为孩子是你的孩子而爱他,就是一种情感依附。"

他又补充说,父母需要时间接受失去孩子的现实。"时间久了就接受了。"他说,"不过对于一个母亲来说,花的时间可能会长一些。"

接着,我又拜访了一位同事,斯蒂芬·哈夫。作为两个儿子的母亲,我采纳了古儒吉大师的建议,扩大了母爱的范围,放松了对孩子们的情感依附,这与冥想老师莎伦·萨尔茨伯格提倡的仁爱相互呼应。"你应该像爱自己的孩子一样爱其他孩子,"古儒吉大师说,"就像爱你的儿子一样爱他们。当你将情感依附的范围扩大后,也就达到了超然,在生活中就有了更大的智慧。"

我的同事斯蒂芬的生活状态就如古儒吉大师所说的一样,达到了超然。斯蒂芬留着棕色的头发，有些不修边幅，但是他热情奔放，才华横溢，是一名戏剧学校毕业生。他将自己的一生全部奉献给了贫困儿童的教育事业。他用自己微薄的收入，在布鲁克林布什维克区开了一个只有一间教室的校舍，在那里给孩子们上课。他的这间校舍名叫"风暴中的静土"，是孩子们（大多数是墨西哥移民的孩子）课后能够阅读和写作的圣地，能够尽情沉浸在文学和戏剧的知识海洋中的圣地。孩子们在这里学习写诗歌、小说和回忆录，然后轮流大声朗读自己的作品，其他人则安静地聆听，斯蒂芬称之为"神圣的静"。他每周有 60 个小时都在校舍教学，几乎没有什么收入，连自己家的房租都快付不起了。他告诉我，很多人都无法理解他这种"为一群与自己毫无干系的孩子付出的爱"。"每一个走进校舍的孩子，"他说，"我都会用心去爱。我愿意为他们做我能做的一切。我喜欢听他们所有人琅琅读书的声音。"

然而，当我向斯蒂芬说起古儒吉大师的建议时，他从口袋里掏出了一张纸，他总是随身携带这张纸，上面写着英国著名小说家乔治·奥威尔的几句话。"在这个瑜伽盛行的时代，"奥威尔写道（这段话写于 1949 年，那时还不像现在这样世界每个角落都有一个瑜伽工作室），"人们太轻信'放下情感依附'一切就会变好的观点……以及普通人之所以拒绝情感依附，是因为走出情感依附太难了的看法……我认为，如果一个人能从心理角度追根溯源，他会发现'不依附情感'的主要动机其实是逃离生活中的痛苦，其中最主要的就是逃离爱，然而无论这些爱是否与性有关，想要逃离都是极其困难的。"

斯蒂芬转过身，看着我的眼睛。"如果你对所有人事物的爱都一样多，那么这样的爱是没有意义的。"他说，"正是因为懂得了这一点，所以我才能够更好地去爱。我理解爱是有主次之分的。我爱我的学生，但我肯定更爱自己的孩子，这一点不可能改变。我们对自己孩子的爱太强烈，这是人之天性。而我想全面地感受博爱的感觉。我很欣赏佛教思想，但同时我又在想，佛教思想究竟指的是什么。难道真的是教我们冷漠应对一切吗？我第一次读到奥威尔的那几句话时，感觉就好像我得到了允许，可以做人了。"

我小心翼翼地问斯蒂芬："如果你自己的孩子，我是说你和妻子共同抚养的孩子出了事，你会怎么样？"

"如果我失去了我的学生们，"他毫不犹豫地回答，"我会崩溃的。如果失去了其他人，我也一样会崩溃。但是如果我失去了自己的孩子，我就会毁灭。"

最后，我采访了另一位朋友阿米·瓦迪亚博士，她是哈肯萨克大学医学中心妇科肿瘤科的副主任。阿米一开始学习的是接生，现在的工作主要涉及治疗患有晚期卵巢癌的母亲。她医术精湛，富有同情心。阿米是一个印度教信徒，相信轮回，认为"生与死之间存在一种循环模式"。在她很小的时候，有一天祖母竖着大拇指对她说，她的心里住着一个拇指一般大的小阿米。"她告诉我，我们的肉体不能永存，但是身体死后，灵魂还在，会寻找一个新的身体。就这样，灵魂能够继续，永不会逝去。最终，灵魂打破了生与死的循环，实现与宇宙合一。这就是印度教中

'唵'（Om）的思想。"

对阿米来说，有了信仰体系的支撑，就更容易接受死亡的存在。这种认知也影响了她对医学治疗的看法。"人的肉体没有任何意义，"她说，"肉体死去了，火化后都没有必要保留骨灰。只要明白了人的肉体以及人生的一切都是短暂的，人们就能接受亲人的逝去以及生命有限的事实。"

阿米会向患者提供多种治疗方案供其选择，让他们能够有尊严地决定自己的治疗进程。她说，西方的癌症患者愿意尽一切可能延续生命，"即使能够有效地稳定病情的可能性只有3%，哪怕无法治愈，他们也会选择最后一搏！那些患有晚期癌症或复发性疾病的不幸患者，病情可能十分严重，他们的生活质量严重受损——没有力气下床，生活不能自理。对他们而言，即使病情稳定，他们也没有了生活。然而，由于我们不愿意面对丧失，所以不会放弃最后一线生机，仍会努力坚持。而信仰印度教的患者，如果只剩3%的希望，就会放弃治疗——当然这只是从整体上而言，也有例外。不过他们一般都会说：'剩下的时光是我的，我自己做主。'"

"我并不是说印度教徒对死亡都无所谓，"阿米赶紧解释道，"他们同样也会感受到失去的痛苦，但是他们更能接受'死亡本就是生命的一部分'这一思想。这是一种宿命论，他们知道我们没有能力改变生死，知道世界上有一种力量比我们的生命更强大，即使是现代科学也没有治疗和摆脱死亡的能力。万物皆有因，万般皆有果。如果剩下的时光是我们的，那就由我们主宰吧。"

这也是一种强有力的观点。然而，当我给阿米讲了一茶的故事后——涉及孩子的死亡的故事——她突然不说话了。阿米精力充沛，聪明智慧，作为医生，天赋异禀。与她交流，你很快就会发现自己就像被抛到了一条文字苍白和思想匮乏的河流中。而此时，她说话却有些语无伦次。"我觉得世界上最难的就是应对孩子的死亡。"她慢慢地说，"我觉得太难接受了。谢天谢地，幸亏我不是一名儿科肿瘤医生，我可能永远也当不了儿科肿瘤医生。特别是现在，我有了自己的孩子，孩子就是我的全部，我愿意为他们牺牲我的一切。对于那些失去孩子的家庭，我真的不知如何面对，如何安慰。失去孩子是最痛、最深的苦。关于失去孩子的痛，我无法形容，也无法谈论。在我看来，那是一些人被迫忍受的痛苦。"

对于她的这番话，一开始，我还有些困惑。如果你真的相信灵魂能够永存，相信灵魂的无限轮回，那么这种信念不是应该可以缓解失子之痛吗？

阿米解释道，即使相信轮回，也不能解除两个相互依附的灵魂之间的分离之苦。"这两个灵魂不太可能再次相遇。没人知道这两个灵魂会分别去往哪里。失去了就真的失去了。"

这又回到了那个最古老的问题——如何应对分离之苦、重聚之渴望？这是所有人类痛苦和欲望的核心来源，与你的宗教信仰、出生地、性格无关。这正是一茶大师想要传递的信息，也是我们一直都深知的问题。

佛教和印度教都告诉我们：一旦我们的情感依附心理消失了，

我们就达到了涅槃的境界，这种境界并非远在天边，也不在某个遥远而梦幻的地方，而是这世上的每一个人都能企及的状态——一种我们能够以平静的心态、同情的心境去应对生活中遭遇的痛苦和失去、美好和相聚的状态。

所以，我调研的这几个人，可能都没有达到这种状态：斯蒂芬没有，阿米没有，一茶没有——一茶肯定没有。或许一旦你彻底开悟了，是否具有苦乐参半的心态也就无关紧要了，对此我不得而知。（如果你真的认为自己已经大彻大悟了，不妨了解一下精神导师拉姆·达斯的观察结果：如果你觉得自己开悟了，那么就在感恩节时与家人共度一周。）

不过，达到我们渴望的平静有多种途径。"放下"是一条途径，但这个方法需要我们付出一定的代价。"了解自己的心理韧性"是另一条途径，能够予以我们安慰和勇气。解除情感依附是第三种途径，有助于我们产生博爱之心，将我们的爱延及亲人以外的人。拥有信仰也是一种途径，有的人相信死后能够与所爱之人在天堂团聚，从而获得慰藉。

但一茶的方式——"即便如此，依然放不下"——承载着一种不同的智慧：它表达了许多人感受到的渴望，它蕴含着一种力量，一种能够将我们带回家的力量。"即便如此，依然放不下"短短9个字，让世界上那些曾对我们漠不关心的人，在得知我们失去所爱之人后，也能展开双臂，紧紧将我们揽入怀中。"即便如此，依然放不下"将我们与每个遭遇过悲伤的人联结在一起，也就是说，将所有人联结在了一起。

洛伊丝·施尼珀的独生女儿温迪在 38 岁时被诊断出患上卵巢癌，肿瘤医生们说他们会把这种病当作慢性病治疗。因此，在温迪患病的 10 年里，尽管病情发展不容乐观，洛伊丝仍相信女儿能活下来。洛伊丝生来就是一个乐观主义者，温迪也是，得知自己患癌后，仍尽可能正常地与丈夫和女儿们生活：参加孩子们学校的活动，观看孩子们的足球比赛，一起组织家庭度假。与过去照片中的自己相比，现在的温迪头发少了很多，她不得不裹着一条大手帕，有时化疗后她那棕色的直发都会卷曲起来，但她的笑容总是那么灿烂。然而，她的病情时不时就会恶化，她频繁出入医院，在温迪忍受巨大痛苦进行手术时，家人们就在候诊室焦急地等候。每次危机化解后，洛伊丝又会重拾信念，不相信会在自己身上发生白发人送黑发人的那一幕。

相反，洛伊丝的丈夫默里就没有那么乐观。他 16 岁时失去了自己的父亲，因此，对于女儿的情况，他已经做好了最坏的准备。他珍惜和女儿一起度过的这 10 年，但这 10 年间，他也一直能认清现实，并维持着一种防御性姿态。因此，最终温迪去世时，默里已经做好了准备（尽他最大可能），而洛伊丝却被压垮了。两年来，她很少出门，每日以泪洗面，体重也增加了近 5 千克。她把温迪的照片全部拿出来挂在家里的墙上，挂得满墙都是。洛伊丝那个曾经阳光灿烂、精明能干的自我永远消失了——起码她给人留下的印象是这样。

默里温柔地告诉她，在家里为温迪建一座纪念神殿起不到任何作用。最终在丈夫的帮助下，洛伊丝的生活才重回正轨。她最终意识到，除了女儿，其他孩子以及孙子孙女同样需要她。一味沉浸在悲痛之中，忽视了这些孩子的存在，会让他们误以为没有受到重视，这也给这些孩子发出了一种错误的信号：他们以后也将孤独终老。她意识到她还有爱她的丈夫默里，而且自己依然热爱生活。"我喜欢与人相处，喜欢去各地游玩。"她说，"我依然能从中获得乐趣。"

现在回想起来，她很庆幸——她没有因为温迪的病情沉浸于悲痛之中，而是快乐地与温迪共度了她人生中最后的 10 年时光。她决不会用这段美好的时光来换取自己更容易接受女儿死亡的心态。

洛伊丝和我关系比较亲密（她是我姐姐的婆婆），有一天，我们在曼哈顿上西区一家雅致的餐厅里吃早午餐时，她平静地告诉我了这一切，当时默里就坐在她的身旁，那时她已经 82 岁了。听她讲述着这些经历，我不禁对她心生爱意和钦佩之情，默默在心里记下了应对亲人离世的方法。但是，虽然她现在表现得极为乐观，我却觉得，她对我而言竟是如此陌生。我可能更像默里：我会理智地看待诊断结果意味着什么，我会做好应对亲人离世的准备。这就是我的性格，心理学家将我这种心理称为"防御性悲观"。我不止一次地感叹，人类的心理如此丰富多样，着实不凡。

但是洛伊丝又说了一番话，让我感觉她还是原来那个我熟悉的她，突然之间，我们又联结在了一起，共同用人类令人痛苦的不完美本性尽最大努力生活。"失去了孩子，我就像一面破碎的镜子,"洛伊丝说,"不是这儿少了一块就是那儿缺了一块,再也无法重圆。但如果努力寻找,你也许能找回一块碎片。"①

她停顿了一会,轻声地补充了一句:"只是这需要一定的意志力。"

她说这句话的时候语言有些含糊,我是事后才猜到她说的是什么。

2016年,也就是一茶写完那首俳句后的200年,洛伊丝看着我,我坐在桌子后,桌布上印着清新的图案,上面摆着一份煎蛋和一杯草莓奶昔。她对我说了人们一定经常说的那句话:即便如此,依然放不下。

***

200多年前,一茶教导我们应该意识到人生无常,意识到露水的一生是多么短暂,但我们无法假装悲伤会凭空消失。无论你所处的文化背景要求你如何笑对生活,我们都不可能简单地"放下"过去,忘记悲伤。

但这并不意味着我们不能继续生活。

"放下"和"继续生活"之间的区别是作家诺拉·麦克尔尼(Nora McInerny)在一次TED演讲中的核心内容。我发现,懂了这两者之间的区别,就能更好地理解我们的存在本质上就是苦

---

① 洛伊丝在一本书中读到一个关于镜子的故事,只是她记不得书名了。很遗憾,在此无法感谢该书的作者了!

乐参半的这一事实，也正是这种本质将人与人联结起来。麦克尔尼的丈夫亚伦罹患脑癌后，她问其他同样失去伴侣的人，最痛恨的是什么。她听到的最普遍的回答是：听到有人劝他"放下"。

麦克尔尼后来再婚了。她和新婚丈夫以及 4 个孩子生活在郊区，还养了一条救援犬，生活很幸福。但是她说，她感觉亚伦仍然在她身边。虽然不是"像以前那样在她身边，但是现在的感觉更好……我难以忘却他，所以感觉他就在身边"。她的作品中有他，共同孕育的孩子身上有他的影子，现在的她（也是第二任丈夫遇到的那个她）的内心中也有他。她说，她从没有放下亚伦，她"和他一起继续生活着"。

麦克尔尼的发现继承了一茶的思想，告诉我们，面对丧亲之痛，我们应该如何生活。

她继续说道："除了试图提醒对方，有些事情无法重来，有些伤口无法愈合，我们还能做什么？我们需要谨记，同时帮助他人谨记，悲伤是一种多重情绪。经历过悲伤后，你可以难过，你也会感到难过，但也会快乐起来。在亲人去世的当年或当周或同时，你可以在悲伤的同时付出爱。我们只需记住，悲伤过的人也会再次展露笑容……他们会继续生活。但这并不意味着他们已经放下了。"

第九章

疗愈集体性创伤

———— * ————

第一代人埋在心里的悲伤,会遗传到第二代人的身体中。

——弗朗索瓦丝·多尔托

本书开篇时，我想解决的问题是：苦乐参半的音乐究竟为什么如此神秘，为什么我们愿意听这样的音乐，为什么许多人认为这样的音乐不仅能够振奋人心，而且宏伟崇高？我在第四章中又提出了另一个问题：为什么我一提到母亲就会禁不住流泪，我如何才能改变？最终我采用的解决办法是，完全不提她。直到10月的一个上午，我在曼哈顿中城区的开放中心参加了一个研讨会后，我才开始改变。

　　为了更深入地理解人们对死亡的认识，我报名参加了一个为社会工作者、牧师和心理学家举办的研讨会，他们的工作对象主要涉及垂死之人和遭遇丧亲之痛的人。虽然我不是这些领域的工作者，但我正在写的这本书与之相关，所以我认为我可以参加这个研讨会，于是我就去了——从容沉着，甚至有点冷漠超然，就像我参加莱昂纳德·科恩纪念音乐会之前的感觉。出乎预料的是，在这次研究会上，我不仅找到了困扰我数十年的问题（我与母亲之间的问题）的答案，而且还探索了关于苦乐参半的一个更大问

第九章 疗愈集体性创伤

题：如何改变我们从前人那里继承的悲伤和渴望之苦。

***

我们的会议室明亮、通风良好，是由一个瑜伽工作室改造而成的，架子上还堆放着叠好的毯子和海绵垫。现在，前面最显眼的位置摆着一具人体骨架，旁边是一张小木桌，桌上放着一支还愿蜡烛和一块白板，上面写着："懂得了什么是死亡，才知生命之可贵！"

西姆哈·拉斐尔博士满怀期待地坐在人体骨架旁。他是一位心理治疗师、"死亡意识教育者"，也是 Da'at[①] 死亡意识、倡导和培训研究所的创始人。西姆哈让我们直呼他的名字，他有点像一个正统的拉比和一个老派加利福尼亚嬉皮士的结合体，留着花白胡子，穿着海军蓝西装，头戴鸭舌帽，还戴着耳钉、银项链，脚上穿着一双牛仔靴。他的演讲既有讲解犹太教法典《塔木德经》的正统，又不乏波希特带地区喜剧演员的俏皮。他说，他一直"沉浸在悲伤的海水中"，年轻时就经历了许多亲密朋友和家人离世的痛苦。但他认为，现世和极乐世界之间其实只隔着一扇窗，并不是一堵墙，只不过由于我们内心充满了"死亡恐惧"，所以我们看到的只有墙而没有窗。

参加这次研讨会的共有 8 个人，我们围坐一圈。西姆哈让我

[①] Da'at 或 Daas（意为"知识"）在犹太教神秘主义体系（即卡巴拉）中，位于生命之树上。在 Da'at 所在之处，生命之树的 10 个质点合为一体。在 Da'at 中，所有质点都存在于无限共享的完美之处。——译者注

们分享关于死亡的个人体验。第一个发言的人叫莫林，自诩是一个"坚强的爱尔兰人"。莫林给我们的印象是又能干又理智，而且乐观。她神采奕奕地谈到了女儿和丈夫，今天是他们结婚15周年纪念日，晚上会一起庆祝。她留着一头直短发，戴着眼镜，穿着跑鞋，名牌上画着一张笑脸。莫林讲述自己的故事时，声音清脆，语气坚定，双手自然地放在身体两侧。

"我总是喜欢先从我的工作讲起，这样我最有安全感。我是一名医务工作者，很乐意帮助人们勇敢面对他们经历的死亡，但其实根本原因是，"她有点自嘲地说，"我一直无法面对自己亲人的死亡。14岁时我的父亲去世了，母亲不允许我们悲伤难过。葬礼上我忍不住哭泣时，母亲愤怒地看了我一眼。"莫林嘴角一撇，一副严厉的样子。我猜她这是在模仿她母亲当时的表情，模仿得惟妙惟肖。

"我妹妹因为悲伤过度掉了很多头发，"她继续说，"我经常哭，但一直不知道如何处理。我发现有一个朋友很像父亲，但那个朋友最后自杀了。此后，我开始酗酒，交的男朋友不是打我就是骂我。我还堕过几次胎，我知道我一定会因此下地狱。不过现在我已经戒酒14年了，而且全心全意投入到工作中，作为对那些被我夺走的生命的补偿。不知道为什么，我能够帮助他人面对死亡，但是无法面对自己经历的死亡。"

"我犯下了可怕的错误，内心痛苦不已。"莫林平静地加了一句，"我想治愈内心的痛苦，渴望得到原谅。可我怎样才能原谅自己？要是我能原谅自己，内心的痛苦得到释放，我就能更好地帮助他人。"

西姆哈全程专注地听她倾诉。"整个过程中，我看到了两件事。"他温和地说，"第一，你妈妈教会了你如何掩饰自己的情绪。你的故事虽然充满了痛苦，但是如果我把你刚才讲故事的视频再播放一遍，关掉声音，你会发现，你讲故事的样子如此淡然，感觉就像在谈论一次加勒比旅行或者刚刚吃过的晚餐一样。所以，请你谢谢你的妈妈，但请她不必对你如此严厉，你不需要掩饰自己的情绪。第二，我看到了你对治愈悲伤的渴望，看到了你期望走出自责的愿望。我们必须从脑海中抹掉这几个字：我犯下了可怕的错误。"

他提醒我们其他人注意，当听到别人的悲伤故事时，我们会怎样做。我们会把别人的悲伤当成自己的悲伤吗？会的。听莫林倾诉时，我最初的那种冷漠超然逐渐瓦解，我内心好像有什么东西正在融化。

西姆哈接着问我们是不是正在自我评判："你们是不是在想：'她的故事比我的故事悲伤多了，我的故事最多让人用两张纸擦眼泪，而她的故事最少需要四张纸。'"是的，我的确有这样的想法。其他人一听到西姆哈这个问题都释然一笑，我顿感欣慰。我真希望他们别让我讲我的故事，因为与莫林的故事相比，我的故事太微不足道了。

但是如果我拒绝发言，又有点不合适，也不礼貌。所以，轮到我发言时，我说起了母亲——从十几岁起，我和母亲之间的关系就产生了巨大裂痕，我认为是我击溃了她的灵魂。我给大家讲述了母亲的生活经历：她一直生活在自己母亲的阴影之下，父亲的整个家族惨遭屠杀，遭受这一沉痛打击后，他一直漂泊在外。

正说着，我的泪水夺眶而出——这也是我意料之中的。我不停地流泪，别说四张纸巾，七张纸巾也不够，一千张纸巾都不够。莫林十几岁就经历了父亲的离世，生活坎坷，即使这样她的眼泪都没有我的多。西姆哈的目的一定不是让我们相互比较谁更悲惨，我感觉自己很可笑。

不过，西姆哈并没有评判我，据我所知，其他人也没有。他对我说："从你的故事中，我听到了你因为曾经无法主宰自己的生活而感到无奈。所以，可以看出，直到现在，你的内心还有一部分仍然停留在16岁——那时你仍然想和妈妈保持亲密的母女感情。所以你不得不做出选择，要么独立生活，要么得到母亲的爱，不能两者兼得。"

他说得没错，而且这一点我早就心知肚明。但是西姆哈还提到了一点：我不仅承载着自己的悲伤，还承载着母亲的悲伤，还有她母亲和父亲的悲伤，以及他们祖先的悲伤——我承载的是几代人的悲伤。

他问我是什么星座的。虽然我不相信什么占星术，但我还是告诉他我是双鱼座。"你很容易受他人情绪的影响，"他一边点头一边说，"你根本分不清哪些悲伤是自己的，哪些是别人的——准确地说，哪些是你家人或祖先的悲伤。"

"但是你完全不必承载他们的悲伤，"他补充道，"同时也能和他们建立联结。"

我突然意识到，我这一生中流过的那些眼泪，那些莫名其妙就会流下的眼泪，就像街角的抢劫犯一样突如其来的眼泪，原来早在我和母亲关系破裂之前就已经存在了。一到别离之际，我就会流泪。记得10岁那年，我参加了一个夏令营，到了结束那一天，尽管我对夏令营没有那么留恋，要回家了也很高兴，但是临走之前，我还是流泪了，我自己都被当时的情绪弄糊涂了。那种场合下流泪似乎与当时的情况并不相符，但是我也说不清自己究竟为什么会流泪。

我基本没有什么姑姑、叔叔、堂兄弟姐妹，母亲和父亲家族中的大多数人都在大屠杀中丧生，只留下了一张发黄的老照片，上面是那些我从没见过的亲人——有男人、女人、老人和孩子，表情凝重地看向摄像头。在20世纪20年代的欧洲摄影艺术中，也就是拍这张照片的时候，拍照时表情凝重是一种时尚，但在我看来，他们一定是预见到了自己的命运，至少有一部分人预见到了。

1926年，我的外祖父才17岁，还是一个前途无量的犹太教学生，他和他的父亲用身上仅有的钱买了两张火车票，从波兰的一个小村庄布丘奇来到乌克兰斯坦尼斯拉夫市，聆听一位思想家的演讲，据说他能够预言未来。"波兰的犹太人，你们听着。"那位演讲者预言，"苏联和德国这两个大国正在争夺霸权，争夺对世界的控制权。它们不断侵略他国，致使硝烟四起，它们制造了大量弹药和各种毁灭性武器，最终这两个国家会爆发战争。而你们——波兰的犹太人，到时将夹在两国的战争之中，最终被战争的炮火烧为灰烬。我给你们的建议只有一个：赶紧跑。越快越好。听着，我要大声催促你们：快逃！不逃，你们就会化为灰烬！"

第二年，外祖父去投奔他那从未曾谋面的新娘（也就是我的外祖母），在新娘父母的资助下，外祖父独自前往美国。他打算尽快把家人接到美国，无奈他自己生活艰难，住在布鲁克林的一个小公寓里，家人即使来了，他也无法养活他们，连住的地方也没有。在斯坦尼斯拉夫市听到的预言一直萦绕在他的脑海中，但谁知道这样的事情到底是否真的会发生，是否真的如此紧迫呢？他犹豫了一段时间又一段时间，迟迟没有把家人接来。然而就在他犹豫的时候，他的家人全部被残忍屠杀——演讲者预言的一切都应验了。

我的外祖父是一位拉比，两眼炯炯有神，声音抑扬顿挫，富有同情心，爱好哲学，笑起来声音爽朗，尽心尽力地为会众服务了50年。他早已将《塔木德》熟记于心，他带领会众虔心祈祷，成为他们灵魂的守护者。对我母亲而言，外祖父也是她的灵魂守护者，更是一位尽职尽责的父亲。对我而言，他似乎生活在这个世界上，但又不属于这个世界，就像一个魔幻现实主义故事中的人物一样。他身上散发着一种古老书斋的气息，就像一个从堆放在他公寓里的旧书中走出来的精灵。他是这个世界上我最喜欢的人之一。

然而，由于没能拯救家人，他永远无法原谅自己，每天午后都能听到他的叹息声。在斯坦尼斯拉夫之旅结束近一个世纪后，他在临终前放声哭泣，为当初没能救出父母而愧疚。虽然我的外祖父赢得了身边人的尊重，但他的心却一直与那些逝者的灵魂相守在一起。他们的灵魂每天和他在客厅会面，陪他一起走到会堂。他经常向我母亲讲述这个或那个会众遇到的不幸。"Oy, nebach"这句意第绪语几乎成了他的口头禅，与此同时，他会深深叹一口气。"Oy, nebach"的意思是"可怜的灵魂"。我知道的意第绪语不多，这是其中一句。因为小时候，他和我母亲在厨房里说话时，我经常听到他说这句话。"Oy, nebach"也是对我童年的写照。

* * *

是不是真如西姆哈所说，这些家族历史以某种方式传递到了我身上，所以我才有了那些神秘的泪水？如果真是这样，这些历史是什么，传播机制又是什么呢？文化？家庭？基因？还是三者都有？我们将在本章探讨这些问题。不过，我们还有一个问题要问：如果真如苦乐参半的传统揭示的那样，我们的任务是将痛苦转化为美好，那么我们是否不仅可以转化现在的痛苦，还能转化过去的痛苦乃至几代人的痛苦？

当然，也许你的家族中没有发生过诸如遗传性创伤这样的戏剧性故事，也许过去的几个世纪中你的家族也没有经历过重大灾难；但是，你的祖先中可能有一些曾当过农奴或奴隶，他们就算是国王和王后，可能也经历过与家人分离的痛苦，如因为战争、饥荒、瘟疫、酗酒、虐待或其他形式的灾难而背井离乡。我们都知道，在我们的内心深处，总是有苦涩的一面。

参加完西姆哈组织的研讨会后不久，我听了"存在"播客主持人克里斯塔·蒂皮特的一期节目，在节目中，她采访了精神病学和神经科学教授雷切尔·耶胡达，她也是西奈山医学院创伤应激研究所的主任。当时已经夜深，我正要入睡，耶胡达的一句话让我突然精神一振。

耶胡达研究的是新兴的表观遗传学，即研究基因如何在环境变化（包括逆境）中启动和关闭。她一直想要验证一个假设：痛苦可以从细胞层面影响我们的身体，并且能够代代相传。她告诉蒂皮特："人们总是说，当灾难发生在自己身上时，'我就像变了一个人一样。我变了，变得和以前不一样了'。我们必须自问：'他们这么说是什么意思？他们当然还是同一个人，因为他们的 DNA 没有变，不是吗？'实际上，他们的 DNA 真的发生了改变。我认为，由于环境影响过于巨大，他们的 DNA 发生了巨大变化，而且是持久的变化。我们能够通过表观遗传学方面的研究解开这一谜团。"

耶胡达在职业生涯早期主要从事创伤后应激障碍的研究，她和她的同事在纽约市西奈山医院为大屠杀幸存者创立了一个诊所，初衷是为幸存者本人服务，但结果并非如此。幸存者一致认为不可能有哪个临床医生能够理解他们的经历，所以他们都没去，反倒是他们的孩子去了诊所。

这些孩子（现在大多数已经步入中年）的生活模式都很独特。他们在小的时候目睹了父母经历的悲痛，然而几十年过后，他们内心仍然难以平静。现在他们是为那些死去的人活着，这让他们感到压力巨大。这些人很难应对分离之苦，尤其是与父母的分离。大部分四五十岁的人，都会自称是某某人的伴侣或某某的父母，但这个群体中的人却仍然自称是某某的儿子或女儿。他们一直生活在父母悲伤的阴影下。

他们身上还有其他更明显的印记。如果幸存者的孩子经历了创伤事件，那么与其他犹太人（父母不是大屠杀幸存者）相比，他们患上创伤后应激障碍的可能性要高3倍。他们还很容易患上临床抑郁症和焦虑症。经过血液测试，与幸存者本人一样，他们的神经内分泌和激素情况也存在异常。

显然，这一群体遗传了一种特殊情绪。那么这种情绪是如何传递的呢？这与他们的成长方式、与父母的关系有关吗？难道这种情绪也以某种方式写入了他们的DNA？

为了回答最后一个问题，耶胡达及其同事对一组由32名大屠杀幸存者和22名他们的子女组成的受试者进行了测试，主要研究他们体内与压力有关的基因。他们发现，这种基因，无论是在父母还是孩子身上，都存在一种表观遗传变化现象，被称为甲基化现象。这一现象是"父母那一代遭受的创伤"可能会代代相传的有力证据。

2015年，他们在《生物精神病学》杂志上公布了研究结果，很快在一些主流文章中引起轰动，人们纷纷开始关注耶胡达的研究和表观遗传学的发展前景。但是很快，耶胡达的研究就受到批评，有人指责他们的研究样本数量小，没有考虑到幸存者的孙子和曾孙的情况。耶胡达2018年在《环境表观遗传学》杂志上发表了一篇论文，反对"还原论主义者提倡的生物逻辑决定论"。她说，表观遗传学是一门年轻的学科，研究结果仍然有限。事实上，2020年的一项研究验证了耶胡达的发现，这项研究样本量更大，并在《美国精神病学杂志》上发表了其研究结果。

但在这场争论中，我们忽略了一个问题：为什么媒体会迅速报道规模如此之小的一项研究，为什么我们会对这个科学研究方向如此感兴趣。我认为答案很简单：这是因为，这一科学研究验证了我们内心最深处的一种直觉，也就是那天西姆哈在研讨会上谈到的直觉——痛苦不仅会持续一生，而且还会代代相传。

已经有证据表明，创伤造成的影响，无论是生理上的还是心理上的，有时能够持续一生。这也是创伤后应激障碍诊断的基础，该诊断于1980年被写入《精神障碍诊断与统计手册》（DSM-III）中。当时，这一诊断还存有争议。在压力的影响下，人们通常会产生短暂的"战斗或逃跑"反应；但威胁过去后，身体就能够渐渐恢复平衡。但越来越多的证据表明，创伤能够引发长期、持续的身体变化，如大脑神经回路、交感神经系统、免疫系统和下丘脑-垂体-肾上腺轴的变化。

但也有证据表明，这种生理变化有可能持续一生。除了耶胡达在这方面的初步研究，人们还进行了许多动物研究。一项研究显示，水蚤如果受到了捕食者气味的影响，产下的幼蚤通常头部长有尖刺、硬壳。还有一项研究表明，在将老鼠暴露在一种无害气味中的同时，对其进行电击，结果，这些老鼠的后代，即使在没有电击的情况下，也会对这种气味产生恐惧。苏黎世大学表观遗传学教授伊莎贝尔·曼苏（Isabelle Mansuy）进行了一项研究，虽然引人注目，但也很残忍，研究涉及让老鼠幼崽经受各种磨难，包括与母亲的分离之苦。这些老鼠长大以后，行为极为不稳定，与对照组相比，这组老鼠的行为更鲁莽，精神也更消沉。例如，它们在不慎落入水中后，很快便会陷入绝望，甚至放弃游泳自救。它们后代的行为也同样不稳定。

这也许并不足为奇，毕竟这些老鼠幼崽是由受过创伤的父母养大的。但是曼苏又做了一个实验，这次她让未受过创伤的雌性老鼠与受过创伤的雄性老鼠交配繁殖，然后在雌性老鼠生产幼崽前，把雄性老鼠从笼中移出，这样后代就不会受到老鼠爸爸不稳定行为的影响。幼崽断奶后，曼苏又将小老鼠分为几组分开饲养，这样幼崽之间不会产生相互影响。她以这种方式，研究了6代老鼠。结果，她说，她的假设"完全符合实验结果"。受过创伤的老鼠，其后代也表现出了与祖先相同的不稳定行为。

人类流行病学方面的研究也进一步说明了这一问题。美国内战获释战俘的儿子往往比其他退伍军人的儿子早逝。在"二战"期间怀孕的荷兰妇女生产的孩子，到了晚年患上肥胖症、糖尿病和精神分裂症的概率异常高。耶鲁大学护理学院教授维罗妮卡·巴塞罗那·迪·门多萨（Veronica Barcelona di Mendoza）博士于2018做了一项针对非裔美国女性的研究，研究结果显示遭受过种族歧视的人，基因会发生表观遗传变化现象，导致其患上精神分裂症、双相情感障碍和哮喘的概率增大。

大屠杀幸存者、美国内战战俘、经历过饥荒的荷兰妇女及非裔美国妇女，他们的孩子体现的这些隔代效应原因可能有多种，也许与"痛苦会改变我们的 DNA"这一新颖的现代科学观点几乎没有关系。(《科学》杂志的一篇文章称："老鼠实验恰恰反驳了这一观点。")

然而，无论有没有老鼠实验，那些流行病学研究实例也是对表观遗传学的又一解释。我认为，凭直觉我们可以感受到，如果痛苦可以隔代传续，那么也可以隔代治愈。塔夫茨大学生物学家拉里·菲格（Larry Feig）说："如果是表观遗传现象，就会对环境做出反应。也就是说，负面环境造成的影响有可能是可逆的。"换言之，也许真的有一种方法让我们在几代人之后，可以把悲伤变成美好，把痛苦变成快乐。

耶胡达从一开始就明白这一点。在谈及自己的研究时，她说："我常常思考，这些信息的力量为何会增强而不是减弱。"她在《环境表观遗传学》中写道："对于我的研究，人们可能会以为它有关对后代产生的永久性重大创伤，而不是关于在压力作用下，我们的生理系统中潜在的韧性、适应性和可变性。"

***

隔代治愈有多种形式，但都涉及要与祖先建立健康的联结关系。耶胡达在 2013 年的《精神病学前沿》杂志上看到过一篇文章，里面提到的心理治疗方法似乎可以对表观遗传变化现象进行量化。同样，伊莎贝尔·曼苏的老鼠实验模型表明，对受过创伤的小老鼠进行治疗，它们有可能得到治愈，这样它们的后代可以免受创伤的折磨。她在2016年做的一项研究发现,把遭受过创伤的老鼠放在一个有跑轮和迷宫的笼子里饲养,老鼠就不会把痛苦的症状遗产给后代。

治疗的方式多种多样,鉴于篇幅有限,在此不再赘述。治疗的目的之一,是帮助我们发现并探索自己的痛苦模式。在接受"存在"节目采访时,耶胡达谈到了在一次集体心理辅导过程中,一位大屠杀幸存者的女儿说,有一天她在工作中遇到了一件不愉快的事。"然后,"那个女士说,"我想起耶胡达医生说过,我应对突发事件的'减震能力'太差,容易情绪激动,产生过激反应,所以我不能纠结。于是我照做了,果然有用。"只不过,耶胡达从未用过"减震"这个比喻,这是她的客户通过治疗,为自己创造的比喻。

我们还可以通过心理治疗或自我探索,与祖先建立联结:看看他们,爱他们,从而爱自己。听一听歌手兼词曲作者妲·威廉斯(Dar Williams)的代表作《毕竟》(After All),歌曲描写了她是如何通过面对祖先的痛苦,治愈自杀性抑郁症的。"我知道我的家人有许多故事。"威廉斯在歌词中写道,她穿越到过去,了解了父母艰难的童年,这样她就可以"通过他们了解自己"。

但有时我们不仅可以通过研究"穿越时空",或通过与家人的对话"穿越时空",还可以通过回到痛苦发生的地方"穿越时空",而且效果很好。想一想奴隶制给人们造成的创伤,这些创伤都在他们的后代身上延续了下来。正当我写这一章的时候,我收到了朋友杰里·宾厄姆发来的一封电子邮件，她是"有声的安静"（Hush Loudly）节目的创作者和主持人，这是专为内向者而做的播客。杰里生活在芝加哥，但邮件却是从塞内加尔发来的，她临时去那里出差，参观了格雷岛。"这是我们的祖先被带到美国之前被关押的最后一个地方。"杰里写道，她是一个非裔美国人，"导游说葡萄牙人、荷兰人和英国人占领该岛后，就将其作为横渡大西洋的最后一个港口。他们把奴隶塞进这里的房间，不分男女，每天只给一顿饭，仅够他们维持生命。不幸死去的人，尸体就直接被扔进大海。"

她在邮件中附上了一些照片，令人触目惊心：一个阴暗潮湿的房间里，只有一扇狭长的窗户，面朝大海，面向那个将奴隶永远带走的大海。杰里参观了一个名为"不归路之门"的地方，还有两个独立的拘留区，一个标有"妇女"字样，另一个标有"儿童"字样，那些字是如此醒目，让人不禁想到那些与孩子分离的母亲和与母亲分离的孩子。分离之苦异常痛苦。

但杰里又补充了一些更令我惊讶的事。她说："对我而言，这里就像一个圣地。"

她把这个充满痛苦和悲伤的地方视为"圣地"，让我震惊不已。我突然想到了"牺牲"（sacrifice）一词的拉丁语词源，意思是"使神圣"，我感觉杰里说的"圣地"应该是基于这个意思。我让她解释一下这句话，她的回答与耶胡达提到的"在现在治愈过去的痛苦，将痛苦转化为快乐"的观点如出一辙。她写道，我感觉这里很神圣,因为我此时就站在我的祖先、数百万奴隶曾经踩过的土地上。

我感受到了他们的灵魂,我感受到了他们的精神。当我走进那些房间时,我感受了恐惧、焦虑、受伤、心碎、愤怒、害怕和恐慌。这些都不是我的情绪,而是他们的情绪。我感受到了他们的悲伤、沮丧和孤独,即使镣铐把他们与其他奴隶拴在一起,他们也是孤独的。这里不是他们的家,也没有他们的家人。他们被剥夺了一切,被迫为奴,被那些自称为"主人"的人奴役。我都可以想象当时他们在岛上的情景——相互锁在一起,睡在自己的粪便中,赤身裸体,或者大部分赤裸,不知道等待他们的将是什么样的命运。

当我站在岛上一点点消化祖先的感受(我认为是)时,也消化了自己的感受:喜悦、自豪、力量和权利。站在那里,我能想到的就是……看看我的祖先漂泊了多远。对于他们遭遇的一切,我感到很难过;对于他们过的生活,我感到很痛心。但我也相信,如果他们看到了我们现在的生活,一定会感到骄傲。此时的我,感到更有责任尽己所能做到最好,珍惜我们现在来之不易的生活。我很庆幸拥有现在的生活,我应有尽有,父母疼我爱我,让我拥有了整个世界。离开时,我下定决心要把自己的民族文化传承下去。今天,亲眼看到了我的祖先来自哪里,受到了何种对待,了解了他们的后代生存和发展的过程,我感到无比激动。能够有幸承载祖先遭遇的悲剧和悲伤,我对此心存感激。

杰里从塞内加尔给我发这些照片时，并不知道我在写这本有关继承性悲伤的书。当我与她分享这个概念时，她吃了一惊。这个概念好像触动了她的灵魂，于是她滔滔不绝地和我聊了起来。她说："黑人有时只能把一切悲伤埋藏在心里，表面表现得勇敢坚强、坚定不移或无忧无虑，但这在那些不是黑人的人眼里，就是愤怒或冷漠。"可是杰里的祖先，那些被奴役的人，却从未有过悲伤的机会。"他们被强行从自己的家乡绑走，来到异国他乡，生活方式和文化与他们自己的截然相反，根本没有时间或机会哀悼、悲伤。然而，他们坚强地活了下来，繁衍生息，随遇而安——只是悲伤从来没有从他们心中消失。"

* * *

耶胡达说，还有一种方法能治愈父辈传下来的痛苦，那就是帮助目前正面临类似痛苦的人解决他们的问题。

我在 TED 做完关于"渴望和超越"的演讲后，一位叫法拉赫·哈提卜的年轻女性在礼堂外找到了我。她留有一头黑色长发，长着深棕色的眼睛，头有点歪向一边，好像无意识中要获取一个拥抱似的。"我心存渴望，"她说，"但是我不知道为什么。我就是渴望一个完整的自我。"但当她诉说完自己的故事后，我可以看出她显然知道这是为什么。她讲的不仅仅是自己的故事，也是她姐姐的故事、她母亲的故事，是她所有女性祖先的故事。

法拉赫出生于约旦，生长在一个自视进步的家庭中——"但实际上我们不是"。作为一名女性，成长过程中她被教导要"沉默、软弱、取悦他人"。她的姐姐在她们很小的时候就去世了，这件事对她造成的创伤很大，她甚至都不记得姐姐是怎么死的，也不记得当时她多大。她的父母没有表现出悲伤，至少没有公开表达过悲伤，只是再也没有提到过他们的女儿，连她的照片都没有留下。最后父母离婚了。她的母亲，一直在痛苦和悲伤中挣扎，竭力想要逃离这个家庭，于是把法拉赫交给了一个保姆。这个保姆本应像母亲一样照顾她，却频频虐待她。为了生存，法拉赫尽可能表现得顺从，活得如一个隐形人一般。刚刚成年，她就感觉自己的心已经死了。

她在新加坡找了一份工作，为一家跨国公司销售护发产品。这只是一份工作而已，她也没期望工作能对她麻木的内心有什么帮助。她的岗位在消费者研究组，需要对女性客户进行深度访谈。听到客户们的心声时，法拉赫的内心泛起了一丝涟漪。客户们谈到了自己难以启齿的故事以及被视为隐形人的遭遇，这一切在她听来都是如此熟悉。她想听到更多心声，于是她辞掉工作，回到了约旦。不过她没有回家，而是开始与那些以前各方面都受到约束的女性交谈。她自己也没弄明白为什么要这样做，只知道自己想听她们倾诉。事实证明，她们也愿意倾诉。她们不仅讲了自己的经历，还讲述了她们的母亲、祖母、曾祖母的故事。"女性的经历与男性截然不同，"法拉赫对我说，"一个男人哪怕坐过牢，回到村子里时，也好像完成了一件相当光彩的大事。而这里的女人根本找不到工作，如果女人出去工作，她的家人反倒会感到羞耻。女性在还是个孩子时，就有可能被送给别人当老婆，她别无选择，丈夫可能与她的父亲同龄，却可以强奸她。我们学会了对这一切闭口不谈。我们不会把女性的经历作为一种社会经历进行谈论，我们羞于谈论她们的经历——就像我的母亲羞于在我们面前哭泣一样。我们没有姐姐的照片，也从未提到她。我们只得把不幸传给孩子们——几代人的不幸，那种'你以为可以主宰自己的生活，但实际上你不能，你的生活只能由别人来主宰'的不幸。"

那是2009年。2013年，法拉赫创办了一家非营利组织，为叙利亚女性难民提供生活技能、财务等方面的培训，并帮助她们疗愈创伤。然而这项工作依然没有消除法拉赫内心的渴望。这种渴望让她内心产生了一种"苦乐参半的感觉（我没有提示她！），热爱生活的感觉"。她说："有生以来，我第一次感觉到了自我完整。有人说我太严肃了，应该学会放下，应该享受生活的乐趣，但我在乎的不是乐趣，我在乎的是感受。"

她也开始明白自己为什么如此痴迷于这项工作。她想解开那条束缚着她家族中所有女性以及难民营里所有女性并给她们带来不幸的枷锁。"我承载了几代人的不幸。"法拉赫说，"我承载了母亲的不幸，她的不幸深入我的骨髓。我还要承载姐姐的不幸。我代表她们、她们那一代人以及上几代人，承载了所有的不幸。我们不会把女性的经历作为一种社会经历进行谈论，我们羞于谈论她们的经历。但我们必须谈论我们自己。我的工作就是让这些女性有机会谈谈她们自己，那个凝结了几代人不幸的自己。"

***

在法拉赫的故事中，她借助组织的力量帮助他人转化的悲伤，与她的祖先经受的痛苦相似。但有时，我们需要治愈的伤痛——至少从表面上看——与我们祖先经历的伤痛有很大不同。

威廉·布赖特巴特博士是纽约"纪念斯隆·凯特琳癌症中心"的精神科主任。他的工作对象主要是垂死的癌症患者——不为治愈他们，不为延长他们的生命，甚至不为缓解他们的身体疼痛，他的任务是让患者在离世前，通过他开发的"意义中心疗法"，找到一种生命的意义感。研究结果很具启发性：与对照组相比，布赖特巴特博士的患者"精神健康和生活质量"水平显著提高，身体疼痛感和症状显著减轻。

布赖特巴特博士年轻时主要研究艾滋病患者，后来开始研究晚期癌症患者，他发现这两类病人有一个共同点：他们都想死。有的人明明还有3个月，甚至6个月的生命，却要求立即结束生命。"你想帮我吗？"他最早的病人，一名65岁的药剂师，在第一次治疗时这样问他。"我的生命只剩下3个月，我认为再拖上3个月没有任何意义。如果你想帮助我，请杀了我。"

当时，大多数临床医生对这种情绪早已司空见惯。毕竟，像药剂师这样的病人，要么身体正在饱受疼痛的折磨，要么深陷抑郁，要么两者兼有。这些患者在接受心理治疗后，也只有一半的人减弱了对死亡的欲望。止痛药让10%的人打消了死亡念头，但剩下的40%仍然有想死的欲望。

布赖特巴特博士认为，问题症结在于他们失去了生命的意义感，而且世界上没有哪种药物能够治疗这种"疾病"，他只得另想办法。布赖特巴特博士认为，这也不是哲学能解决的问题。他认为，人性的核心就是要有意义感，有了意义感，我们才能拥有超越痛苦的力量。他读尼采的著作时，看到这样一句话："知生命之意者，方可承生命之重。"布赖特巴特博士想，他的病人基本被癌症夺走了一切，如果他能帮助他们找到人生意义，也许还能拯救他们。

"请帮我一个忙，"他对那个药剂师病人说，"给我3个疗程的时间。3个疗程后，如果你仍有想死的念头，我再想办法。"

5月的一个下午，我前往位于纪念斯隆·凯特琳医院7楼的咨询中心，拜访了布赖特巴特博士。他的办公室位于一个拐角处，书架上堆满了各类教科书和医学期刊，还摆着几座佛像和黎凡特的法蒂玛之手护身符；墙上挂满了各种文凭，数不胜数；电脑上突然显示出屏幕保护程序，闪现出一片红色的郁金香。我们坐在窗前，布赖特巴特博士身材高大，有点虎背熊腰，留着白胡子，穿着粗花呢夹克，打着海军蓝领带，领带有点歪。此时外面正下着雨。

布赖特巴特博士从医学院毕业后就成为一名住院医师，在选择性5-羟色胺再摄取抑制剂、癌细胞和化疗等领域进行了长达10年的研究，可谓呕心沥血；可是，后来他却选择在世界领先的癌症中心担任教授，最后又成了一名研究"意义感"的医生。我想知道是什么促使他做出这样的选择。

对布赖特巴特博士而言，与那些因内心深处的追求而从事医学工作的人无异，他们的终极目的都一样。

"如果你想讲我的故事,"他说,"最好先听我讲一个事实:我 28 岁的时候,患上了甲状腺癌,不过后来痊愈了。但在我的余生中,曾经认为生命坚不可摧的感觉却消失了。"

他轻声说,那还不是真正的原因。真正的原因源于他出生之前发生的事。纳粹分子入侵波兰追捕犹太人时,布赖特巴特博士的母亲只有 14 岁,父亲才 17 岁。一位天主教妇女救了他母亲的命,让她躲在农舍中炉子下面的洞里。晚上,她从炉子底下出来,以土豆皮充饥。他的父亲从苏联军队中逃出来,加入了一个在森林里战斗的游击队。一天晚上,饥肠辘辘的他四处寻找食物时,闯入布赖特巴特母亲藏身的农舍中。他说服她加入游击队,成为一名抗军战士。整个战争时期,他们都在森林里打仗,最终幸存下来。战争结束后,他们回到各自的城镇,结果城镇早已空无一人。于是他们设法来到纽约,找了份工作——他当夜班服务员,她帮人缝领带,后来两人生下了一个儿子。这个孩子的命运,早在出生前就已经因为这一切而注定了。

布赖特巴特博士成长于大屠杀幸存者社区(正是耶胡达最初研究的人群),生活在一个"丧亲、死亡和痛苦都真切存在的家庭中"。他的童年总是萦绕着幸存者的内疚感。他的母亲时常自问,为什么她和丈夫能活下来,而其他人却不能。这似乎是一个反问句,但实际上是有答案的。虽然他的父母从来没有大声说出过这个答案,但布赖特巴特心里很清楚:他们之所以活下来,就是为了生儿子,为了儿子能走向世界,减轻世人的痛苦。布赖特巴特博士说:"我来到这个世上不是为了获得什么权力,也不是为了积累物质财富。我来到这个世上就是为了减轻人们的痛苦。"

"我们每个人都会继承父辈留下的遗产，"他解释道，"我们别无选择。有的遗产是令人愉快而美好的，但我继承的遗产满是痛苦和死亡，还有生存和存在的罪恶感。我孤独地长大，家族的人都死了，许多亲人连生的机会都没有。我们虽然活下来了，却不知道为什么而活。"

他讲述这一切时，声音柔软轻细，就像我祖父说话时一样。但好像这轻声细语中还有一个更响亮更强大的声音——那是他自己的声音，是在波兰的森林里勇敢战斗的游击队员的孙子发出的声音；又好像他觉得，只有把自己的声音藏在炉子下面的洞里才安全似的。

"有的人会把这些遗憾视为一种负担，最终被压垮。"说着他将目光从我身上移开，望向窗外的雨，"对于自己继承的遗产，关键问题是选择什么样的态度去面对。我们活了下来，而其他人却没有，这一定是有原因的。"

这是意义中心疗法的核心，也是一切以意义为中心的事物的核心。对我们的死亡宣判已经到来。（其实从我们出生的那一刻起，死亡就一直伴随着我们。）你活着是为了什么？

"我热爱生活中的一切，"布赖特巴特博士提高了声音，"我爱我的家庭、我的父母、我的妻子、夫妻间的性爱。我爱美丽，我爱时尚，我爱艺术，我爱音乐，我爱美食，我爱戏剧，我爱诗歌，我爱电影。这个世界上几乎没有我不感兴趣的。我爱活着的感觉。"他对着窗外的倾盆大雨做出了夸张的手势。

"然而，即使我们对生活充满了爱，"他说，"我们依然要受到各种限制：家族的遗传、出生的时间、出生的地点、出生的家庭。我原本可以出生在洛克菲勒家族，但我没有；我原本也可以出生在一个偏远的部落家庭，尊奉蓝象为神，但我也没有。你出生的地方，很有可能充满了危险，动荡不安。世事难料，也许你会出事故，也许会有人向你开枪，也许你会患上什么疾病，什么事情都有可能发生。你必须应对。

"现在我每天都要做的一件大事就是诊断一个人是否患上了危及生命的癌症。每天做这样的事，真的会让你偏离人生轨迹。你要面临的挑战是，如何超越这个新轨迹。你的责任原本是要创造有意义的生活，帮助人们成长，帮助人们转变。然而，事实是，很少有人能够从成功中成长。人们通常经历了失败才会成长，在逆境中才能成长，在痛苦中才能成长。"

在与自己的第一个病人（那个准备放弃生命的药剂师）会面（一次决定性会面）之后，布赖特巴特博士与其博士后同事明迪·格林斯坦共同起草了"意义中心疗法"的第一版内容。他们的理念主要基于一个观点，即我们的存在有两层意义：第一层是生存，第二层是创造生活的意义。如果你在临终之际回首过去时，感到自己的人生完整又充实，那你一定能平静地离去。而那些感觉自己的人生有很多缺憾的人，临终前通常会感到羞愧。但是布赖特巴特博士说，要想获得充实完整的人生，关键是要学会爱真实的自己（无条件、从不间断的爱），而不是看自己做过什么。

他们研发的治疗方法，核心就是让你关注自己的存在，关注那些造就你今天的一切。如果你被诊断出患有癌症，就会产生一种一切都被剥夺了的感觉。"意义中心疗法"的治疗专家会帮助你，他们的工作就是通过倾听了解你的本质。也许你一生都是一个照顾他人的人，但此时，你发现自己不得不接受他人的护理，因而会感到不适应。治疗专家可能会注意到这一点——即使你已身患癌症，仍在想方设法为他人着想，你还会问"你好吗？"，还在为他人操心。治疗的目的不是掩盖你的痛苦，那样的话更是灾难性的。治疗虽然无法消除痛苦，但是意义更宏大，它会让你明白：即使在经历了一切悲伤、失去和动荡之后，你仍然是，也永远是，原来那个你。

*＊＊

参加完西姆哈举办的研讨会后不久，我和他通了电话。我一直纠结一个很实际的问题。我不仅在他的研讨会上哭泣，甚至还拿自己的故事与莫林的故事比较，认为自己的故事更悲伤，这些行为都让我感到很尴尬。我担心以后在宣传本书的过程中，我可能还会在公共场合哭泣。"我不会轻易哭泣，"我告诉他，"我是一个非常快乐的人，自视为一个忧郁但快乐的人。但是，我正在写我和母亲的关系问题。也许有人会在电台问我和她的事，万一我控制不住，在数万人面前哭泣怎么办？"

西姆哈听完若有所思地说："我不知道那天你是否倒空了你所有的苦水，等你写完这本书后再问我这个问题吧。因为写作的过程也是你消化悲伤的过程，等你写完，悲伤可能自然就会消退。"

事实正如他所说。就我而言，写这本书的过程正是我转化过去的悲伤和渴望的过程，正是我变得完整的过程。我不再担心新书宣传了。

那么你呢？你是否也感受了古老悲伤的拖拽？如果是，你能与祖先建立什么样的联结，从而平复这些悲伤呢？也去写一本书？这倒大可不必。你可以请父母讲一讲他们的故事，如妲·威廉斯在歌曲《毕竟》中所唱的那样。你可以学习日本人纪念逝者的方式，做一盏河灯，然后把它放进河里。你也可以学习墨西哥人，在特定的日子里，把逝者们最喜欢的食物都摆在餐桌上。你还可以通过心理治疗的方式平复心中的悲伤，也能像耶胡达的客户一样，为你继承的隔代悲伤腾出空间，充当"减震器"。你也可以像杰里·宾厄姆参观塞内加尔的格雷岛一样，寻找祖先的痛苦之源。你还可以借鉴法拉赫·哈提卜在难民营所做的工作，或者布赖特巴特博士为癌症病人设计的"意义中心治疗"，创造出新的方法，帮助那些正在饱受痛苦的人，这些痛苦也正是你的父母或祖先曾遭受过的痛苦。你还可以按照西姆哈的办法，倒空所有的苦水，这种方法也有效。

除此之外，还有一种方法。在尊重父母和祖先经历的前提下，我们也可以从痛苦中解脱：我们可以把祖先的故事视为自己的故事，但那些故事并不是我们亲历的故事。我们可能继承了祖先的痛苦，但我们无需亲历这些痛苦；我们可能继承了他们的悲伤，但毕竟承受悲伤的人是他们而不是我们。他们的泪水是从他们的脸颊上流下的，而不是从我们的脸颊上流下的，就像他们的荣誉是他们自己赢得的一样，即使我们可能也继承了一些，但那并非我们自己挣来的。

展望未来时，我们更容易看到这一点：我们的孩子必然会继承我们的故事，但他们也会有自己的故事，我们也希望他们有自己的故事，我们希望他们有这样的自由。那么我们为什么不能对自己有同样的期许？古希腊人说："活着，就像祖先通过你重生了一般。"但这并不意味着重现祖先们的生活，而是以一种新的方式体现他们的新生。

你是否经常听到父母早逝的人这样说：我已经到了母亲当时拿到诊断书的年龄；我父亲是个酒鬼——我不想成为他那样的酒鬼。这些想法与《以西结书》引用的古老谚语相呼应："父亲吃了酸葡萄，结果孩子的牙齿坏了。"但是《圣经》引用这句谚语的目的是反驳这种观点：父债不必子还。我们更没有必要承载他们的痛苦。当然，这并不是说我们要背弃自己的祖先。我们可以跨越几个世纪将我们对他们的爱传递回去。但是，为了他们和我们自己，我们可以采取苦乐参半的方式，将他们的痛苦转化为美好。

现在我可以理解在西姆哈的研讨会上，我和莫林其实都在以一种自己难以理解的方式向我们的母亲致敬：莫林，以坚忍克己的生活方式向母亲致敬；而我，用流不尽的眼泪向母亲致敬。我总有流不完的眼泪，似乎只有流泪才能把我和母亲联系在一起。

莫林忍住了眼泪，用坚忍与她的母亲建立联系。

我现在经常去看望母亲。写这本书时她已经89岁了，她的阿尔茨海默病日渐恶化，但仍能认出我。痴呆症夺走了她很多东西，但让她变得和善友好，无论平日经受了多么大的痛苦和折磨，她都能保持友善的态度。给她治病的所有医生和护士都不约而同地说她很友好，而且有趣，说喜欢她的真实。每次我们聊天时，她都迫不及待地告诉我："我剩的机会不多了，我只想让你记住我有多爱你。"

我坐在母亲的轮椅旁，握着她的手。她瘦了很多，基本上什么都吃不下，不过由于下巴下垂，脸的大小没怎么变。她的眼睛呈蓝色，很小，眼角挤满了皱纹，眼下挂着松弛的眼袋。总有一天我的面颊也会下垂，眼下也会挂着眼袋。我们看着对方的眼睛，彼此间是无限的理解。我们之间经历的各种磨难，各种跌宕起伏，母女之间难言的爱，所有拥抱、笑声和对话，归根结底就是此时这种相互联结的情感。她是我的母亲，唯一的母亲。我现在才明白，这些年来，一提到母亲我就会流泪的原因——并不是因为17岁那年我与她的分离，而是源于我无法与她分离。问题并不在于我把日记交给了她（这让我感到我在潜意识中想要摆脱她、情感上弑母），而在于我一直心存悲伤——她的悲伤、祖父的悲伤、几代人的悲伤。但是，现在西姆哈教会了我："你完全不必承载他们的悲伤，也能和他们建立联结。"

父辈和祖先的生活境遇对我们的思想、我们的感受、我们的本质，产生了决定性影响，也影响了我们与他们的互动方式。然而，我们需要谨记：我们现在拥有的是我们的生活，是只属于我们自己的生活。

  如果你无法完全做到不受影响（毕竟没有什么是完全可能的，生活本就是苦乐参半的），如果你仍然对母亲心存愧疚，如果你仍有需要了断的事，如果你仍然对完美又美好的世界充满渴望，那就勇敢接受。如诗人鲁米在那首著名的诗《可爱的狗》（见第二章）中所述："你渴望帮助时的纯粹悲伤，就是那神秘的圣杯"；"你所表达的渴望，就是神给予的回应"；我们因悲伤而流下的眼泪，真的可以将我们与神联结。

《曼哈顿下城区一月的一天》© 托马斯·夏勒 (thomaswschaller.com)

结 语

回 家

———— * ————

即便如此,你的一生
都如愿以偿了吗?
是的。
你究竟想要什么?
爱与被爱。

——雷蒙德·卡佛,选自《最后的片段》

自那天在法学院的宿舍里，朋友问我为什么喜欢听悲伤的音乐之后，我就开始思考苦乐参半的力量，然后又花了10年时间学习如何利用苦乐参半的力量。

那时我33岁，在一家律师事务所工作了7年。在华尔街一座摩天大楼的42层有一间可以俯瞰自由女神像的办公室。这7年来，我每天至少工作16个小时，从未间断过。虽然从4岁起，我就有一个不切实际的梦想，那就是成为一名作家；但那时的我已经是一名有抱负的律师，有朝一日一定能够成为合伙人——至少我是这么认为的。

一天早上，高级合伙人史蒂夫·沙伦来到我的办公室。史蒂夫身材高大，气度不凡，举止得体。他坐下来，伸手把我桌子上的解压球捏在手里，对我说，我不可能成为合伙人。我记得当时我真想捏几下我的解压球，但它却被史蒂夫·沙伦捏在手里。我记得当时我感到很遗憾，因为这个消息不得不由史蒂夫告诉我，他其实并无恶意。我记得当时，好像有座大厦在我身边坍塌，我知道我的梦想永远不可能实现了。

这些年来为了实现这个梦想，我像个疯子一样努力工作，这个梦想已经取代了儿时我想成为一名作家的梦想。我梦想着成为合伙人，这样我就可以买一幢房子——具体来说，是格林尼治村的一栋红砖联排别墅。我刚参加工作的第一周，就有了这个梦想。当时一位高级合作人邀请公司新来的律师到他家吃晚餐，我一眼就爱上了他家的房子——房前的马路绿树成荫，一家人在这里生活得惬意舒适。

阳光斑驳的马路两边是一排排咖啡馆和古玩店，装饰着精美的匾牌，好像以前生活在这些房子里的诗人和小说家将所有灵感都挥洒在房屋的创意上了。讽刺的是，现在生活在这些别墅里的人不是艺术家而是律师，入住的"通行证"也不再是你是否曾出版过诗集，而是你能否成为一位致力于资产证券化和反向三角合并公司的合伙人，这些我就想都别想了。我知道，哪怕成了合伙人，住进了这样的别墅，也不能代表我能出版几本 19 世纪的诗集。但我还是梦想着能够生活在格林尼治村，因为这里萦绕着过去作家的光辉。为了实现这个梦想，我必须学习什么是收益曲线，什么是债务偿付比率，到了周末还要背着《华尔街大词典》回到我那一居室公寓里，在烛光下研究里面的每个词。无论多么辛苦，我都感到是值得的。

但此时，在我的内心深处，我知道史蒂夫·沙伦等于递给了我一张"刑满释放证"。

几个小时后，我离开了律师事务所，再也不会回来了。几周后，我结束了一段 7 年的感情，一段让我感到痛苦的感情。我的父母是移民的孩子，生长在经济大萧条时期，从小就教育我凡事都要务实。父亲让我学习法律，目的就是为了以后我能付得起房租；母亲提醒我，一定要在"受孕生理钟"停止之前要孩子。那时我都 33 岁了，没有事业，没有爱情，连住的地方都没有。

后来，我爱上了一位音乐家，名叫劳尔。他性格豪爽、开朗，白天作词，晚上和朋友一起弹钢琴唱歌。他并不是总在我身边，但我们经常写邮件联系，我对他的感情从爱恋升华到了迷恋，那是一种我从未有过的感觉（谢天谢地）。那时还没有智能手机，于是我每天都会跑到网吧，查看有没有他发来的电子邮件。每每在邮箱收件箱里看到他那深蓝色的黑体名字的一刹那，我都兴奋不已。约会期间，他给我推荐了许多美妙的音乐。

那时，我独自住在曼哈顿一间不起眼的小出租屋里，没有什么家具，只有一块软绵绵的白色地毯。我经常躺在地毯上，两眼望着天花板，听着劳尔传来的音乐。出租屋对面有一座 19 世纪的教堂和花园，面积不大，神奇地夹在摩天大楼之间。我经常在教堂的长椅上一坐就是几个小时，静静地呼吸着神秘的空气。有时，我会和朋友娜奥米一起在这里喝咖啡，聊着劳尔给我说的有趣故事。我反复说这些事，她一定是耐着性子听完的。有一天，她佯装生气地对我说："既然你这么迷恋他，那么他身上一定有你渴望的东西。"

娜奥米有一双锐利的蓝色大眼睛，一边说一边看着我。

"你究竟渴望什么？"她突然问我。

就这样，我知道了自己究竟渴望什么。劳尔代表的是我从4岁起就向往的写作生活。他是来自那个完美而又美好世界的使者。我对格林尼治村联排别墅的向往也缘于此——这里是通往那个世界的路标。在律师事务所的这些年里，我误读了路标所指的方向。我以为我想要的是那些别墅，但实际上，我想要的是一个家。

就这样，我对劳尔的迷恋消失了。我仍然爱着劳尔，就像爱自己最喜欢的堂兄、表弟一样——没有情欲，也不那么迫切。我仍然喜欢格林尼治村的联排别墅，但并不是非要不可。

从此，我开始了真正的写作生涯。

* * *

所以，我要问你同样的问题：

你渴望的是什么？

可能你以前从未问过自己这个问题，可能你还没有识别出人生故事中的重要符号，也可能你还没有参透这些符号的含义。

你可能想过其他问题：我的职业目标是什么？我想结婚生子吗？他是我的理想伴侣吗？我怎样才能成为一个"好人"，一个高尚的人？我应该从事什么工作？我能在工作中实现多少价值？我应该什么时候退休？

然而，你们深入问过自己这些问题吗？你有没有问过自己，你最渴望的是什么？你想在这个世上留下怎样独特的印记？想要完成什么样的使命？听到了怎样无言的召唤？你有没有问过自己，你对"家"是怎么理解的？如果你坐下来，在一张纸上写下一个"家"字,然后停一会儿,接下来你会写什么?

如果你天生就具有苦乐参半的气质,或者由于生活经历形成了苦乐参半的心态,你有没有问过自己,应该如何应对内心的忧郁?你是否意识到,你继承的悠久而传奇性的传统,能够帮助你将痛苦转化为快乐,将渴望转化为财富呢?

你有没有问过自己,你最喜欢的艺术家、音乐家、运动员、企业家、科学家或精神领袖是谁,你为什么爱他们,他们代表了你的哪些方面?你有没有问过自己,你无法摆脱的痛苦是什么,你能将痛苦转化为创意吗?对于与你有相似遭遇的人,你有什么方法帮助他们治愈吗?你遭受的痛苦,是否会像莱昂纳德·科恩所说,就是你拥抱太阳和月亮的方式?

你能从自己特有的痛苦和渴望中吸取什么样的教训?

也许,你自身的情况与你的谋生方式之间存在着一条鸿沟,这说明:也许你的工作量太多或太少;抑或你期待一份有成就感的工作,或者一种适合自己的组织文化;或者你需要的工作与你现有的工作或收入来源关系不大;或者,你的渴望向你传递了无数信息,提醒你倾听、追随、关注。[1]

也许,当看到自己的孩子们欢笑的时候,你会开心不已,但听到他们哭的时候,你就会伤心痛苦。这说明,你还没有真正接受眼泪是生活的一部分这一事实,你也不相信自己的孩子具有应

---

[1] 这并不是鼓励你为了追求梦想而放弃工作(我的骨子里还有父母的实用主义!),只是鼓励你为梦想腾出空间。

对悲伤的能力。

也许，你承载了父母、祖父母或曾祖父母的悲伤；也许你的身体为之付出了代价；也许因过度警觉、一触即发的愤怒或无法散去的阴云，你对这个世界失去了信心。那么，当你有了自由，能够撰写自己的故事后，你必须找到一种方法转化这世代相传的痛苦。

也许，你会因为爱人的离去、亲人的离世而悲伤难过。但这恰恰能让你明白，分离之痛是最重要的一种痛，而情感依附是我们最深切的愿望；能让你感知到正是悲伤将你与他人联结在一起。他们与你一样，也正在努力超越自己的悲伤；他们与你一样，也正在断断续续、一点一点地崛起，这样你就有可能超越自己的悲伤。

也许你渴望完美而又无条件的爱，就像那些经典广告中描述的一样——一对光彩夺目的夫妇驾驶着敞篷车"转了个弯，便消失了"。但或许你也意识到了，这些广告的核心并不是那对令人羡慕的情侣，而是他们那耀眼的汽车行驶到了人们看不见的地方——就在那转弯处，他们驶入了那个完美又美好的世界，与此同时，也在他们内心点燃了一团希望的火焰。我们在生活中随处都可以瞥见这个美丽而又神秘的地方，不仅仅在我们恋爱时，还在我们亲吻孩子道晚安时，在一首吉他曲触动我们的心灵时，在我们被1 000多年前的作家总结的箴言所感动时。

也许，这对夫妇永远不会再回来，即使回来了，也不会停留——我们简直会被这种期待的欲望逼疯（广告商希望我们通过购买他们的手表或古龙香水来满足自己的欲望）。那对夫妇去往的世界永远都在拐弯处。对于这种诱惑，我们该怎么办？

* * *

离开律师事务所并结束与劳尔的关系后不久，我遇到了肯，也就是我现在的丈夫。他也是一名作家，过去的7年里，作为联合国维持和平谈判的参与者，他穿梭于20世纪90年代最血腥的各个战区——柬埔寨、索马里、卢旺达、海地、利比里亚等。

他之所以这么做，是因为在他那张扬的个性之下，对另一个世界充满了渴望。他从小就受到了大屠杀的严重影响。10岁的时候，他躺在床上想，如果换成自己，是否有勇气把安妮·弗兰克藏在阁楼里。事实证明他具备这样的勇气。20世纪90年代，他在那些违反人性的环境中生活了7年，目睹了无数残酷的行为。在遭遇一次伏击后，他一个年轻的朋友死在了索马里的手术台上，而他却只能在移动野战医院外无助地等待消息。在卢旺达，90天内就有80万人被杀害，死亡率超过了纳粹集中营，而他的工作却是为联合国战争罪法庭收集证据。

他走过的地方，尸横遍野，空气中弥漫着腐尸的恶臭，他努力克制着不让自己呕吐出来；然而，最让他痛心疾首的是，如此惨绝人寰的杀戮，竟无人能够制止。

工作了这么多年后，他发现自己的工作并没有起到作用：世上还是有那么多坏人，还是有那么多无辜的人惨遭杀害，冷漠无情之人依然冷漠。虽然总有人心地善良，但是无奈没有英勇的组织，没有高尚的国家，没有动机纯粹的个人，因此残酷无处不在，

苦乐参半

+278

无时不有。于是，他回家了。只是现在"家"的意义对他而言与以前不同了：家是有朋友和家人的地方，是打开空调享受愉悦时光的地方，是打开厨房的水龙头，就能流出冷水或热水的地方；但家也是夏娃偷吃禁果后的伊甸园。

我们说，永远不要忘记。然而，不会忘记正是肯的问题所在：他无法忘记看到过的那一幕又一幕，它们如磐石压在他的心里。唯一能够缓解痛苦的办法，就是把一切都写下来，把目睹的一切都记录下来。他写作时，总是把一张照片摆在书桌上，照片里是尸骨如山的卢旺达。多少年过去了，那张照片仍摆在他的书桌上。

我们相遇时，肯与联合国的两个朋友正准备出版他们合著的一本书，内容是他们的所见所闻。当时，我虽然还不是他的妻子，但也对书中精彩而又令人震撼的内容赞叹不已。（称赞这本书的人不止我一个！最后书的版权被导演罗素·克罗购买，拍成了一部迷你短剧。）

而那时的我，经历了律师生涯的失败，只写了几首诗。（我们相遇时，我正在写一本十四行诗形式的回忆录，反正闲着。）第二次约会时，我就把这首十四行诗带去送给了肯。当天晚上，我收到了他发来的一封电子邮件：

  写得很好

  非常好

  继续写

  放下其他事

专心写作

写你想写的

女人

写出你的心声

肯对我的信心，终使我渴望写作的梦想成为现实。此时此刻，我向他望去，一幕幕美好浮现在我眼前——黎明时分，他给儿子的足球鞋系鞋带；他在我办公室外面的花园里种了1 000朵小花；本想和我们的小狗只玩几分钟，结果一玩就是几个小时。我突然意识到，我们拥有的原来有这么多美好。对他来说，这些日常的美好时刻就是一种艺术表现形式：他是在用安静、浪漫、苦乐参半的方式庆祝现有的平静生活。虽然我们年轻时，各有各的生活，各有各的情感，但他一定是在我那还不成熟的作品中读懂了我，而我也在他的作品中读懂了他，我们俩都对平静的治愈艺术有着共同的渴望。

* * *

但他还有一个更崇高的愿望——希望这个世界永远不再有杀戮。他还在等，我们都在等。对于我们那些最宝贵但又难以描述的梦想，我们应该怎么做？

一提到这个问题，我总是会想到卡巴拉的那个寓言。卡巴拉是犹太教的神秘派分支，莱昂纳德·科恩正是在它的启发下，写出了令人心醉的《哈利路亚》。起初，世间所有被创之物都在一个充满圣光的圣杯之中。后来，圣杯不幸破碎了，神圣的碎片四散在我们周围。有时因为环境太暗了，我们看不见这些碎片；有时因为痛苦或挫折，我们无暇寻找这些碎片。其实我们的任务很简单——弯下腰，把碎片挖出来，然后捡起来。找到了这些碎片，我们就能感知到：黑暗中也能产生光明；死亡也能赋予我们重生的力量；灵魂降落到这个破碎的世界，是为了学习如何超越、升华。我们每个人看到的碎片都不同：我看到的可能只是一块黑色的煤炭，而你看到的却是藏在煤炭下面闪闪发光的金子。

请注意这一寓言的质朴。请注意这一寓言并没有向你承诺完美的世界。相反，这一寓言告诉我们，完美世界是不存在的，我们应该珍惜拥有的，不应为了无法实现的完美而抛弃现在拥有的一切。但是，我们可以将苦乐参半的传统带到我们各自的领域，带到世界上那些我们还有一些小影响力的各个角落。

也许你只是一个十几岁的孩子，还处于情绪变幻莫测的阶段，但你应开始意识到人生的任务不仅仅是追求爱情和努力工作，还包括将悲伤和渴望转化为你做出选择的建设性力量。

也许你是一个老师，想要引导学生们理解和接纳个人生活中的苦与乐，就像苏珊·戴维的英语老师一样，送给她一本笔记本，让她写下心中的真实情感。

也许你是一个管理者，意识到悲伤是职场的一大禁忌，想要创造一种健康的职场文化，一种积极向上、充满爱，同时认可黑暗与光明并存的文化，你懂得在职场中苦乐参半中蕴藏的创造性能量。

也许你是一个社交媒体的架构师，发现你所在行业的运作方法导致用户将痛苦转化为刻薄和伤害，但你也明白，早晚有一天，这个行业能够帮助用户将痛苦转化为美好和治愈。

也许你是一位艺术家，抑或是未来的艺术家或者艺术工作者，你已经开始认可这条格言：无论是无法摆脱的痛苦，还是无法控制的快乐，都可以被转化成艺术创意。

也许你是一位心理学家，对神话学家琼·休斯敦提出的"神圣心理学"感兴趣。琼·休斯敦说，这种心理学研究发现："每个人灵魂最深处的渴望都是回到其精神源头，体验交流甚至联结。"

也许你是一个神学家，正在感慨宗教意识在我们的文化中正在淡薄，也深知精神渴望是人类不可或缺的依赖，在不同时期会有不同形式。在我们这个时代，许多人认为精神渴望以一种激烈的政治分裂形式呈现，但仍能够推动我们相互联结。

也许你正在哀悼，但你已经开始意识到自己（如诺拉·麦克尔尼所说）不必放下，但是依然可以继续生活（即使今天不行，也总有一天可以）。

也许你已经步入中年或是暮年，开始意识到生活并不总是那么紧张压抑，是时候放慢脚步，欣赏曾被错过的美好日常。

对所有人而言，无论我们的境遇如何，都可以做到朝着美好的方向迈进。即使没有特定的信仰，即使没有智慧传统，你也能意识到这个世界上其实充满了神圣和奇迹——它们真可谓无处不在——只是现代人的生活太匆忙，忽视了它们的存在。19世纪有一句格言："美即是真理，真理即是美。"过去我一直不明白这句话的内涵，我不明白，我们如何能将漂亮的脸庞或美丽的图画这样肤浅的东西与真理的崇高庄严联系起来。我花了几十年的时间才明白，这句格言中所指的"美"其实是一种状态，是我们都可以达到的状态，只需要通过一些简单但具有变革意义的行为就可以实现，如午夜弥撒、蒙娜丽莎的微笑、小小的友善行为或伟大的英雄行为。

这又将我们带回了本书的起点——萨拉热窝大提琴手，还有森林里的那个老人，他拒绝回答自己是穆斯林或克罗地亚人，只承认自己是音乐家。或许，我们现在能够明白其中深意了。

* * *

父亲因新冠肺炎去世后，我们在墓地旁举行了一个小型仪式。一个25岁的小拉比致了悼词，他并不认识我父亲，却愿意为一个因疫情去世的陌生人主持葬礼，悼词中他赞扬了我父亲对上帝的爱。我笑了，心想："他根本不了解我父亲。"身为犹太人，我父亲为此深感自豪，但他对正统宗教并没什么兴趣。当我对小拉比的悼词感到不屑时，我突然意识到这是一种旧思想的反射。现在想来，小拉比的话也并非完全不符合现实。我父亲确实尊敬神，只不过不是上帝，而是别的神——别的很多神。

我现在明白了，原来我的父亲一生中的大部分时间都在收集卡巴拉圣杯的碎片。像我们所有人一样，他并不完美，但为了追求美好，他一直在做美好的事。他喜欢兰花的美，就在地下室建了一个满是兰花的温室；他喜欢法语美妙的发音，便学会了法语，而且说得很流利，即使很少去法国，他也依然坚持；他喜欢有机化学里蕴含的美，所以每个星期天都会读这方面的教科书。他是我的榜样，我从他身上学到：如果你想要平静的生活，你应该过平静的生活；如果你是一个谦逊的人，不喜欢聚光灯，那就做一个谦逊的人，不要去聚光灯之下。这并不难。（我所写的《内向性格的力量》那本书，就是以此为基础的。）

我也目睹了他履行一名医生和父亲职责的过程。晚饭后，他会研究医学杂志；在医院里，他会耐心地陪伴每一个病人，悉心培养下一代胃肠病学家。所有这一切，他一直坚持到了80多岁。他会与孩子们一起分享他的兴趣爱好，如音乐、观鸟和作诗，希望我们也能有这样的兴趣爱好。记得小时候，我总是一遍又一遍地让他演奏"被子粉"。（其实是贝多芬的《第五钢琴协奏曲》，那时我太小，不会念他的名字。）

受他的影响，我们都喜欢高尚的艺术，如音乐、美术和医学，不仅因为这些艺术美丽而有治愈力，还因为这些艺术是爱的表现或神圣的体现，抑或其他你理解的含义。父亲去世的那天晚上，我一直在听音乐，不是因为我想找到和他在一起的回忆——我并没有在音乐中找到回忆，而是因为我们对音乐或运动、大自然或文学、数学或科学的热爱，其实都以不同形式展现了那个完美又美好的世界，展现了那个我们渴望与之在一起的人，展现了我们向往的那个地方。你所爱的人可能已经不在了，但这些表现形式永远存在。

父亲去世之前，我和他通了电话。他躺在医院里，呼吸困难。最后他对我说了一句："保重，孩子。"然后挂了电话。

我会的。我希望，你也会。

致　谢

首先，感谢我的文稿代理人理查德·派恩，我们在 2005 年相遇，这是我一生中最幸运的一件事。对于一个作家来说，有一个像理查德这样出色的职业伙伴意味着什么？这意味着，你有一个始终对你有信心的人，哪怕你需要很长时间思考如何构建书的结构，他也不会放弃你。意味着，你有一个为人正直、值得信赖的人，你永远不用怀疑他在文学方面的判断力，他会以你能够听得进去的方式，直言不讳地对你的第一稿（以及第二稿、第三稿和第四稿）提出意见。这意味着一生的友谊。在此也要感谢理查德及其优秀的同事：林赛·布莱森（她在工作中游刃有余，听她的不会有错）、亚历克西斯·赫尔利、纳撒尼尔·杰克斯以及印维（InkWell）团队的所有成员——特别感谢伊丽莎·罗斯坦和威廉·卡拉汉耐心阅读我的手稿，并提出了宝贵的修改意见。

感谢编辑吉莉安·布莱克。她似乎有一种神奇的能力，总能适时给予我合理的反馈。她才华横溢，睿智敏锐。只要我需要她，她就会出现在我面前。如果你喜欢这本书，那么你一定也和我一样，喜欢她的作品。感谢多年支持我的皇冠出版社的每一位成员：朱莉·塞普勒、马库斯·多尔、大卫·德雷克、克里斯汀·约翰斯顿、雷切尔·克莱曼、艾米·李、玛德琳·麦金托什、"超级明星"雷切尔·罗基奇、安斯利·罗斯纳和尚特尔·沃克。感谢你们的辛勤付出。

这一年中与英国维京/企鹅公司团队合作的每一刻，对我来说都是愉快的，感谢丹尼尔·克鲁（他对本书手稿进行了深入编辑）、茱莉亚·穆迪和波比·诺斯，还有维妮西亚·巴特菲尔德和乔尔·里克特。

感谢杰基·菲利普斯对本书封面设计的艺术指导，以及埃文·加夫尼对本书的整体设计。

我和蕾妮·伍德共事了近10年，没有她的支持，我很难取得今天的成绩。她善于处理人际关系，能力强、有洞察力、注重细节、鞠躬尽瘁，还不乏独特的幽默感。她虽然身患慢性病，却每天都能为这个世界带来一束光。这些年里，她与丈夫普兰斯·利里昂·伍德相敬如宾。

还要感谢约瑟夫·辛森、约书亚·肯尼迪、艾玛·拉森和罗宁·斯特恩。感谢劳里·弗林和斯泰西·卡利什，他们性格开朗，能力非凡。正是因为有了他们对本书手稿进行的事实核查和深入研究，本书才得以成功出版。希望能和他们永远成为同事。

感谢TED大会组织者，克里斯·安德森、朱丽叶·布莱克、奥利弗·弗里德曼、布鲁诺·朱萨尼和凯莉·斯托策尔，感谢他们在本书出版前3年为我提供了一个平台，让我分享书中的内容，同时也感谢平台让我们分享了这么多人的想法。

在此特别感谢"演讲者之家"（Speaker's Office）团队里每一位成员给我的友谊和支持，感谢特蕾西·布鲁姆、詹妮弗·坎佐内里、杰西卡·凯斯、霍莉·凯奇波尔、克里斯托·戴维森、凯莉·格拉斯哥和米歇尔·华莱士，还要感谢 WME 的本·戴维斯和玛丽莎·赫维茨。

我开始写《苦乐参半》这本书时，遇到了杰里·宾厄姆，她本性善良，看着有点"傻"，善于反思，经常与我分享她对苦乐参半、继承性悲伤和生活本身的看法。感谢心灵导师布伦丹·卡希尔闯入我们的家庭生活，为我们打开了他那仿佛用之不尽的智慧、精神和灵感宝库。特别感谢艾米·库迪，她从一开始就对本书项目给予的理解和支持，她的社会感知力和流畅的表达能力让我钦佩。她经常给我发一些苦乐参半的音乐，自己也有过把痛苦转化为快乐的经历。作为朋友，她忠实可靠，也是我写作过程中的好伙伴。我将永远感谢卡拉·戴维斯和迈兹·斯图尔特，在过去的 5 年里，他们悉心照顾我的父母，特别是在他们生病期间。我还要感谢我的好朋友艾米丽·伊斯法哈尼·史密斯，我们志同道合，这些年我们共同做研究和写作，成为彼此的精神伴侣。我很幸运认识了克莉丝蒂·弗莱彻，在这些苦乐参半的岁月里，她是一位难得的朋友、顾问，也是一位商业天才。"大抱抱"玛丽莎·弗洛雷斯在我写这本书期间和之前的几年里，一直陪伴着我和家人，我永远爱她。我和米奇·乔尔的友谊是从 TCD 演讲前的早餐开始的，在这些苦乐参半的岁月里，我们的友谊日益深厚，他和我一样也喜欢莱昂纳德·科恩。非常感谢斯科特·巴里·考夫曼和戴维·亚登的合作，我们拥有相同的人生观，共同设计并验证了关于苦乐参半的小测验，对相关问题进行解答，感谢他们的友好与宽容。埃米莉·克莱因与我一起抚养孩子，相互提醒保持理智，共享生活中苦乐参半的快乐。我和凯西·兰克瑙-韦克斯从大一开始就成了朋友,她让我明白了分享生活中的快乐和悲伤(以及欢笑)的意义。感谢莱斯·斯奈德这些年来对我的鼓励,他细心周到、领导能力强,对我的家人慷慨大方。感谢我的朋友卡拉·亨德森,我经常向她咨询小调音乐和其他方面的信息。艾玛·塞帕拉温柔细腻,是我写这本书时首先采访的人之一。多年来,她教给我很多关于佛教、印度教和仁爱冥想的知识。在本书的封面设计方面,玛莉索斯·西玛德给予了独到的见解。我们搬到街对面后,就与她和本·法尔丘克成为朋友。安德鲁·汤姆森和妻子苏西是我们家最亲密的朋友,他知识广博,我问了他无数个关于萨拉热窝围城战役的问题,他都耐心地一一回答。感谢"我的朱迪塔"范德雷斯,我终身的朋友和合作伙伴,你诙谐、有趣、拥有一个绝对不会苦乐参半的自我。如果说这世界上真有那种你没有真正经历过但是却会怀念的感觉,那就是我对丽贝卡·华莱士－西格尔的感觉,虽然我们到了30多岁才相遇,但我肯定我们小时候一定是好朋友,亦如我从这个苦乐参半的项目中所领悟到的——一切都为时不晚。感谢卡莉·约斯特,她前卫而热情,慷慨地与我分享了她那苦乐参半的家庭故事,我们最终成为朋友。

感谢本书引用过、研究过或采访过的所有人:玛雅·安吉洛、乔治·博南诺、阿兰·德波顿、安娜·布雷弗曼、威廉·布赖特巴特、劳拉·卡斯滕森、蒂姆·张、莱昂纳德·科恩、基思·科米托、查尔斯·达尔文、苏珊·戴维、奥布里·德格雷、拉斐拉·德罗莎、蕾娜·丹菲尔德、彼特·道格特、简·达顿、芭芭拉·艾伦瑞克、保罗·艾克曼、里克·福克斯、尼尔·加布勒、德鲁·吉尔平·福斯特、斯蒂芬·哈夫、斯蒂芬·海斯、小林一茶、胡里亚、贾扎耶里、杰森·卡诺夫、达契尔·克特纳、金敏、蒂姆·勒贝雷赫特、C.S.刘易斯、玛丽安娜·林、劳拉·马登、莫林、诺拉·麦金尼、劳拉·努尔、詹姆斯·彭尼贝克、西姆哈·拉斐尔、哲拉鲁丁·鲁米、莎伦·萨尔茨伯格、斯科特·桑德奇、路易斯·施尼珀、坦贾·施瓦兹·穆勒、韦德兰·斯梅洛维奇、古儒吉大师、阿米·维迪亚·卢埃林·沃恩、李、欧、韦克斯特罗姆、妲·威廉斯、莫妮卡·沃莱恩和雷切尔·耶胡达。

感谢在本书中未提及，但接受了我的正式采访，阅读过本书书稿，给予我大量支持的人，他们是（但不限于）：莱拉·奥尔巴赫、凯特·奥古斯都、安德鲁·艾尔、约翰·培根、芭芭拉·贝克尔、马丁·贝特勒、安娜·贝尔川、昂斯·本·扎库尔、伯杰家族、詹·伯杰、丽莎·伯格维斯特、斯皮罗斯·布莱克本、布伦·布朗、布伦丹·卡希尔、林赛·卡梅隆、乔多·罗伯特·坎贝尔、保罗·科斯特、乔纳·库迪、凯瑟琳·坎宁安、格希·达杜尔、里奇·戴、莉亚·布法·德费奥、迈克尔·德费奥、雷吉娜·杜根、科欣·佩利·埃里森、罗宾、伊利、奥斯卡、尤斯蒂斯、亚伦·费多、蒂姆·费里斯、乔纳森·菲尔兹、谢丽、芬克、埃里克·弗洛雷斯、尼科尔·弗洛雷斯、吉姆·费夫、拉什米·甘古利、达纳·加雷米、帕尼奥·吉安普·洛斯、克里·吉布森、希拉里·哈桑·格拉斯、迈克尔·格拉斯、罗伯特·格鲁克、塞思·戈丁、阿什利·古道尔、亚当·格兰特、室思、格林、鲁弗斯、格里斯科姆、乔纳森·海特、阿什利·哈丁、安娜卡·哈里斯、萨姆·哈里斯、吉姆·霍拉汉、莫琳·霍洛汉、佐尔坦·伊什特万、杰森·卡诺夫、杰夫·卡普兰、海蒂·卡塞维奇、基姆一家、爱丽儿·金、查理·金、埃米莉·克莱因、彼得·克洛泽、小松仁美、萨曼莎·科佩尔曼、李喜善、萝莉、莱瑟、萨利马·利汉达、

致　谢
+ 289

玛丽安娜·林、罗伊特·利夫内－塔兰达奇、劳拉·马登、法拉赫·马赫、萨利·梅特丽丝、娜塔莉·曼、弗兰·马顿、乔迪·马苏德、梅根·梅辛杰、丽莎·米勒、曼迪·欧尼尔、斯洛米特、奥伦、阿曼达·帕尔默、尼尔·帕斯里查、安妮·墨菲、保罗、丹妮拉·菲利普斯、塞西尔·皮尔、乔什·普拉杰、约翰·拉特利夫、杰恩·里夫、吉莱琳·莱利、格雷琴·鲁宾、马修·萨克斯、雷德·萨尔曼、阿维娃·萨菲尔、马修·谢弗、乔纳森·西切尔、南希·西格尔、彼得·西姆斯、蒂姆·史密斯、布兰德和大卫·斯特林、达菲·斯特恩、苏格曼一家、汤姆·苏吉拉、史蒂夫·瑟曼、蒂姆·厄本、法塔内·瓦兹瓦伊－史密斯、让·沃茨－纳斯、萨姆·沃克、杰里米·华莱士、哈里特·华盛顿、艾伦·温伯格、艾利·温茨威格、克里斯蒂娜·沃克曼，以及我在"隐形研究所""下一个大创意"俱乐部和硅谷协会的伙伴们。

感谢我的家人为我做的一切：感谢我亲爱的母亲、父亲、兄弟、姐妹、祖父母和宝拉·叶格希亚扬，施尼珀一家人——芭芭拉、史蒂夫、乔纳森、埃米莉、洛伊丝和默里，亲爱的堂兄弟罗默和温斯坦，尊敬的家庭成员海蒂·波斯特瓦特，还有鲍比、艾尔和史蒂夫凯恩，感谢他们的陪伴，他们的安娜堡之家也是我们的第二个家，他们给我的爱、支持和亲情一直是我生命中最大的快乐。

最重要的是，感谢我最爱的家庭后盾——肯、萨姆、伊莱和索菲。感谢索菲，她陪着我们散步，用爪子和我们握手，好像是从完美而美好世界直接来到了我们家似的。感谢伊莱，那天你看到我因为不知道如何组织一个章节的内容而抓狂时，给我写了一张小纸条："我知道很难，但请对自己说'我能行'。"你一向对自己要求很高，你的建议深深触动了我。你才11岁，却能如此专注于自己作为射门员的球技，你的这种专注无人能及。看到你对学习也有同样的热情，我们感到无比自豪。最重要的是，你的这句话印在我心间，你在生活中就是一个天生富有同情心的绅士。感谢萨姆，小时候你脸上那温暖和睿智的特别表情，让我永生难忘。当时我在想，这个14岁的小男孩以后会成为怎样的人？嗯，在我写这本书的时候，你已经走向了命中注定的方向：一个学者型运动员。家里总是回荡着你的笑声；你上演的帽子戏法让无数球迷激动兴奋；你幽默风趣、才华横溢、行为正派，这也为你赢得了许多亲密朋友。总有一天，全世界都将看到你的这些闪光点。我和你父亲不知说过多少次，我们太幸运了，从一开始就有幸看到你的这些闪光点。感谢贡佐（就是肯），我在家写作时，你就带着儿子们去划船、打球、溜冰，想尽办法不让他们来打扰我；为了帮我编辑手稿，你熬了两次夜；你为我从糕点店买来咖啡，从花园里给我带来鲜花；你每天都用你的热情、风度、独特的贡佐式幽默感逗我们开心；你对同事尽心尽力，对工作尽心尽责。永远与你同在（juntos somos mas）。